全国机械行业职业教育优质规划教材（高职高专）

经全国机械职业教育教学指导委员会审定

UG NX10.0三维造型全面精通实例教程

主　编　罗应娜　　舒鸨鹏

副主编　韩辉辉　　刘　蘅

参　编　陈　雷　　黄皞磊　张　杨

主　审　黄晓敏

机械工业出版社

本书依托 UG NX10.0 版本，着重讲解了三维造型功能。全书共 7 章，包括课程认识、UG NX10.0 基础知识与基本设置、草图设计、三维实体建模、特征编辑、曲线曲面设计、工程图。在内容安排上，以结合实例的形式对软件中的功能命令进行讲解，且书中所选实例突出了实用性、综合性和先进性，语言简洁、思路清晰。书中讲解紧贴软件的实际操作界面，初学者能够直观地操作软件，提高了学习效率。学习者使用本书学习后，能够运用 UG NX10.0 软件独立完成一般的三维产品设计以及出工程图等工作。

本书配有电子课件，凡使用本书作教材的教师可登录机械工业出版社教育服务网（http://www.cmpedu.com），注册后免费下载。咨询电话：010-88379375。

本书可作为高职高专院校及中职中专院校的数控技术、机械制造与自动化、机械设计与制造、模具设计与制造等专业教材，也可作为相关培训学校的培训用书，还可供相关专业的工程技术人员参考。

图书在版编目（CIP）数据

UG NX10.0 三维造型全面精通实例教程/罗应娜，舒鸰鹏主编. —北京：机械工业出版社，2018.8（2024.2 重印）
全国机械行业职业教育优质规划教材. 高职高专　经全国机械职业教育教学指导委员会审定
ISBN 978-7-111-60689-5

Ⅰ.①U…　Ⅱ.①罗…②舒…　Ⅲ.①计算机辅助设计-应用软件-高等职业教育-教材　Ⅳ.①TP391.72

中国版本图书馆 CIP 数据核字（2018）第 184387 号

机械工业出版社（北京市百万庄大街 22 号　邮政编码 100037）
策划编辑：王英杰　责任编辑：王英杰　武　晋
责任校对：刘　岚　封面设计：鞠　杨
责任印制：单爱军
北京虎彩文化传播有限公司印刷
2024 年 2 月第 1 版第 6 次印刷
184mm×260mm·15.25 印张·371 千字
标准书号：ISBN 978-7-111-60689-5
定价：44.80 元

前 言

西门子公司的 NX 软件是集产品设计、工程与制造于一体的 CAD/CAM/CAE 大型集成软件之一，其应用范围涉及航空航天、汽车、通用机械、工业设备、医疗器械以及其他高科技应用的机械设计和模具加工自动化等诸多领域。NX 设计工具拥有强大的能力、丰富的功能和极高的生产效率。使用 NX 软件，用户能够以更快的速度和更高的效率完成各种类型的设计任务，涵盖从 2D 布局到 3D 建模、装配设计、制图和文档记录等各个方面。

本书以 UG NX 10.0 软件为编写平台，以实例的形式全面讲解了产品设计的流程、方法和技巧。本书主要具有以下特色：

（1）书中实例选用生活中常见的实物，让学生在画图之初对其三维模型有充分的认识，解决了学生识图时的困难。

（2）本书注重培养学生的建模思路，编写过程中提供了多种建模思路，调动学生理解和比较各种建模方法的优劣，不再停留于只讲单一操作方法而固化学习者的思维。

（3）本书能够让学习者学习参数化建模，通过实例学习部分命令的高级功能。

（4）本书还在重点、难点的知识点处插入二维码，让学生通过二维码扫描可以更直观、详细地看到重点和难点知识的讲解过程。书中二维码资源也可能是一段创建问题情境的导学视频，又或是一些内容拓展资源。这些数字学习资源可形成帮助学生理解教材内容的各类支架，促进学生进行有意义的学习。

本书由重庆工业职业技术学院罗应娜任第一主编，舒鸫鹏任第二主编。参与本书编写的人员包括从事理论教学和数控技术实训教学的专业教师，以及重庆长安汽车研究总院的工程技术专家。编写分工如下：罗应娜编写第 1 章和第 2 章，并录制相关视频资料；重庆工业职业技术学院舒鸫鹏编写第 4 章和第 6 章部分内容，并录制相关视频资料；重庆工业职业技术学院刘蔷编写第 7 章，并完成相关视频资料的编辑；重庆工业职业技术学院韩辉辉编写第 3 章，并录制相关视频资料；重庆长安汽车研究总院陈雷编写第 6 章部分内容；重庆工业职业技术学院黄皞磊编写第 5 章；中国人民解放军后勤工程学院张杨参与了相关教学资料的制作。本书由黄晓敏任主审。

由于编者水平所限，书中难免存在疏漏，恳请读者和专家指正。

编 者

目　录

第 **1** 章

课程认识

1.1 计算机三维造型概论

1.1.1 计算机三维建模技术的发展

计算机辅助设计（CAD）技术是最先产生的三维建模技术。在 CAD 技术发展初期，其仅限于用传统的三视图表达零件，即计算机二维辅助设计。零件整体表面信息的缺乏，使得计算机辅助制造（CAM）及计算机辅助工程（CAE）均无法实现。随着三维建模技术的发展变革，CAD 技术从二维平面绘图发展到三维产品建模，随之产生了三维线框模型、曲面模型和实体造型技术。如今，参数化及变量化设计思想和同步建模技术则代表了当今 CAD 技术的发展方向。CAD 技术的发展经历了五次技术革命。

1）20 世纪 70 年代，正值飞机和汽车工业的蓬勃发展时期，法国达索飞机制造公司开发了三维曲面造型系统 CATIA，带来了第一次 CAD 技术革命，使得人们可以用计算机处理曲面及曲线问题。

2）20 世纪 80 年代，基于对 CAD/CAE 一体化技术发展的探索，SDRC（Structural Dynamic Research Corporation）公司在美国国家航空航天局支持下于 1979 年发布了世界上第一个完全基于实体造型技术的大型 CAD/CAE 软件——I-DEAS。由于实体模型能够准确表达零件的全部属性，在理论上实现了 CAD/CAE/CAM 的统一，带来了 CAD 发展史上的第二次技术革命。

为了使自己的产品更具特色，在有限的市场中获得更大的市场份额，以 UG、CV、SDRC 为代表的软件系统开始朝各自的发展方向前进。其中，UG 软件着重在曲面技术的基础上发展 CAM 技术，以满足麦道飞机零部件的设计、加工需求。

3）1988 年，美国参数技术公司采用面向对象的统一数据库和全参数化造型技术，开发了 Pro/E 软件，为三维实体造型提供了一个优良的平台。这带来了 CAD 发展史上的第三次技术革命。

4）美国 SDRC 公司的开发人员以参数化技术为蓝本，提出了一种比参数化技术更为先进的变量化技术，并于 1993 年推出了全新体系结果的 I-DEAS Master Series 软件，带来了 CAD 发展史上的第四次技术革命。

5）2008 年，Siemens PLM Software 公司推出了创新的同步建模技术（Synchronous Technology），这是交互式三维实体建模中一个成熟的、突破性的飞跃。同步建模技术在参数化、基于历史记录建模的基础上前进了一大步，并同时与先前技术共存。利用同步建模技术可实时检查产品模型当前的几何条件，并且将它们与设计人员添加的参数和几何约束合并在一起，以便评估、构建新的几何模型并且编辑模型，无须重复全部历史记录。

1.1.2　UG NX10.0 技术介绍

西门子公司发布的新版 UG NX10.0 软件具备多项新功能，有助于提升产品开发的灵活性，并可将生产效率提高三倍。

1）全新的 2D 概念开发解决方案使设计人员可以在二维环境中扩展其设计概念，从而使创建新设计的速度提高了三倍。定稿之后，可以将设计方案方便地转移到三维环境中进行建模。

2）NX Realize Shape™ 创意塑型解决方案的增强功能使设计人员能够更好地控制几何形状建模，以设计出形状极为独特或表面结构复杂的产品。

3）NX10.0 软件全新的可选触屏界面为用户提供了在运行 Microsoft Windows® 操作系统的平板电脑上使用 NX 软件的灵活性，用户可随时随地使用 NX 软件来提高协同性与工作效率。西门子公司 Teamcenter® 软件的创新界面 Active Workspace 与 PLM 更紧密集成的特点，使用户能够迅速找到相关信息，甚至能迅速从多个外部数据源中找到相关信息。

4）NX10.0 软件为 CAD/CAM/CAE 解决方案提供了多个增强功能，包括全新的 NX CAE 多物理场环境，能够连接两个或更多的求解器，简化复杂仿真的执行过程，从而显著提高仿真集成度。

5）通过使用 NX CAM 中新增的行业定制功能，工程师可以提高编程速度和零件加工质量。

此外，NX10.0 软件还为汽车装配制造业提供了全新的生产线设计功能。利用这一功能，工程师可以在 NX 软件系统中设计和实现生产线布局可视化，并使用 Teamcenter® 和 Tecnomatix® 软件来管理设计，验证并优化制造过程。

1.2　本课程的性质与定位

1.2.1　课程性质

本课程是一门多学科交叉的专业课程，以几十个代表性的企业岗位技能的调研数据为依据，以零件三维设计、数控自动编程的岗位技能需求为核心，以高端软件的三维造型设计、工程图转换、工艺设计、自动编程、操作机床加工零件为主要教学内容，实现"理论教学与实践操作""教学过程与生产过程""课堂教学与生产车间"三位一体的教学改革，培养学生在数控行业从事零件设计、数控自动编程、加工的能力。

1.2.2　课程定位

本课程是高等职业技术院校数控技术专业的核心课程，在培养学生现代设计能力和创新能力方面发挥着重要作用，也是后续的综合实训、中高级职业资格考试、毕业设计、顶岗实习等基本技能养成的理实一体化课程，对学生职业技能培养和职业素养养成起主要支撑作用。

1.3 本课程内容与其他课程内容的衔接

1.3.1 课程的主要内容（表 1-1）

表 1-1 本课程的主要内容

序号	任务	知识点（教学内容）	学时
1	UG NX10.0 基础知识与基本设置	熟悉操作界面，掌握参数设置，熟练掌握坐标系的变换，熟练掌握基准创建和图层操作	3
2	草图设计	利用草图工具命令完成二维图形的绘制，掌握 UG 草图绘制基本方法	5
3	风扇标识盖的建模	掌握圆柱体、抽壳、旋转、草图、倒圆角、文本等功能的使用方法，完成建模任务	6
4	扇叶固定盖的建模	掌握拉伸、布尔运算、凸台、孔、移动对象等功能的使用方法，完成建模任务	2
5	风扇底板的建模	掌握矩形阵列、倒角、拉伸、孔、拔模等功能的使用方法，完成建模任务	4
6	风扇网格的建模	掌握布尔运算、阵列特征、镜像体、扫掠、管道等功能的使用方法，完成建模任务	5
7	螺旋推进器的建模	掌握球、圆锥、旋转、螺纹、螺旋线、扫掠等功能的使用方法，完成建模任务	3
8	榨汁机料理杯的建模	掌握沿引导线扫掠、扫掠、拉伸等功能的使用方法，完成建模任务	3
9	风扇基座的建模	掌握直纹曲面、变半径倒圆角、抽壳特征、扫掠等功能的使用方法，完成建模任务	5
10	风扇叶的建模	掌握投影曲线、圆周阵列的高级应用技巧、片体加厚、特征组的圆周阵列、网格曲面、曲线命令等功能的使用方法，完成建模任务	8
11	原汁机杯盖的建模	掌握桥接曲线、镜像曲线、网格曲面、有界平面、缝合、桥接曲面等功能的使用方法，完成建模任务	8
12	原汁机过滤网的工程图	熟练掌握工程图设置、图纸管理；正确创建视图并编辑视图；熟练掌握工程图标注	8

1.3.2 与其他课程的衔接关系

本课程应在前期课程的基础上展开教学，并对后续课程提供支撑，其衔接关系见表 1-2。

表 1-2 本课程与其他课程的衔接关系

序号	前期课程名称	支撑本课程的主要能力
1	机械制图（含测绘）	机械图样的识别与绘制
2	计算机二维绘图	正确绘制二维图
3	计算机三维造型基础	三维建模基础能力
4	零件切削加工与工艺装备	普通机加设备操作、工艺编制能力
5	数控加工编程及操作	手工编程、操作数控机床加工零件的能力
序号	后续课程名称	需要本课程支撑的主要能力
1	数控设备应用与维修设计基础	数控设备应用与维修数控加工能力
2	计算机辅助工艺设计（CAPP）	工艺设计能力

1.4 教学方法与学习指南

1.4.1 教学方法

1）加强对学生实际职业能力的培养，强化案例教学或项目教学，注重以工作任务为导向或以项目激发学生的学习热情，让学生在案例分析或项目活动中了解 CAD/CAM 技术工作过程。

2）以学生为本，注重"教"与"学"的互动。通过选用典型案例应用项目，由教师进行示范操作，并组织学生进行实际操作活动，让学生在案例应用项目教学活动中明确学习领域的知识点，并掌握本课程的核心专业技能。

3）在教学过程中，要创设工作流程，同时应加大实践实操的内容，要紧密结合职业资格证书的考评，加强考证实操项目的训练，提高学生的岗位适应能力。

4）注重专业案例的积累与开发，利用多媒体、录像与光盘、案例分析、在线答疑等手段和方法提高学生分析问题和解决问题的专业技能。

5）在教学过程中，要重视本专业领域新技术、新工艺、新设备发展趋势，贴近生产现场，为学生提供职业生涯发展的空间，努力培养学生参与社会实践的创新精神和职业能力。

6）教学过程中教师应积极引导学生提升职业素养，提高职业道德。

建议教学方法：小组教学法；现场教学法；启发式、互动式的教学方法；多媒体教学法；讨论式教学法。

1.4.2 学习指南

1）将本书分成 6 个模块来讲解 NX10.0 软件的操作，学习者可分如下四个阶段来学习本课程。

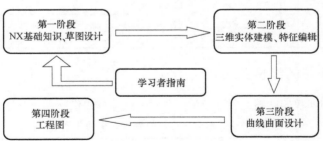

2）书中有很多关于小技巧的提示，请大家多多关注。

3）书中部分重点、难点知识的讲解可通过扫描二维码进行学习。

4）课后习题能帮助学生检验前面所学的知识，所以务必要认真完成，并且要注意通过多做练习来提高自己。

第2章

UG NX10.0基础知识与基本设置

2.1 UG NX10.0软件新功能简介

西门子公司发布的 UG NX10.0 增强了设计的灵活性，该软件具备多项新功能，包括：2D 概念开发解决方案等新增工具、UG NX Realize Shape™ 创意塑型解决方案的新增功能、可选的触屏界面等。此外，UG NX10.0 还在集成计算机辅助设计/制造/工程（CAD/CAM/CAE）解决方案方面提供了诸多加强功能。

下面就 UG NX10.0 在计算机辅助设计方面的部分新增功能做简单介绍。

1）UG NX10.0 支持中文系统，包括文件名和文件保存路径，这是 UG NX10.0 的最大改变。

2）UG NX10.0 版本软件中用鼠标对视图进行放大、缩小时，其默认操作和以往的版本刚好相反，鼠标滚轮向前滚动为放大，向后滚动为缩小。用户可根据自己的习惯进行设置，具体设置方法为：单击选项卡上的【文件】→【实用工具】→【用户默认设置】→【基本环境】→【视图操作】→【方向】。

3）草图工具增加了【✍连续自动标注尺寸】功能。打开此功能，在草图操作完成后整个草图将被自动标注尺寸。用户也可以选择关闭此功能。

4）在草图编辑曲线里新增了【⌢调整倒斜角曲线大小】功能。用户可通过更改偏置来调整一个或多个同步倒斜角的大小。

5）新增了【⌇偏置 3D 曲线】功能。操作方法为：单击【插入】菜单→【派生曲线】→【⌇偏置 3D 曲线】。

6）新增【A▾极点】捕捉功能。利用此功能，用户在使用一些命令的时候可以对曲面和曲面的极点进行捕捉。

7）曲面命令中新增【▦填充曲面】功能。用户可根据一组边界曲线/边创建曲面。

8）删除面功能中新增【▨圆角】和【▨孔】类型。

9）修剪与延伸命令分割成两个命令，更好用！使用新增的【▨延伸片体】命令进行延伸片体操作时，偏置值可以设为负数，也就是说可以缩短片体了！

10）NX Realize Shape™ 创意塑型解决方案的增强功能使设计人员能够更好地控制几何形状建模，以设计出形状极为独特或表面结构复杂的产品。快速建模是趋势，是重点发展方向。新增功能包括：▨放样框架、▨扫掠框架、▨管道框架、▨复制框架、♪框架多段线、 抽取框架多段线。

2.2 启动 UG NX10.0 软件

双击桌面快捷方式 进入 UG NX10.0 软件启动界面，或者单击桌面左下角的开始菜单，选择【Siemens NX10.0】→【 NX 10.0】，打开 UG NX10.0 软件启动界面，如图 2-1 所示。根据任务需要选择新建或打开一个部件文件，进入 UG NX10.0 软件的工作界面，如图 2-2 所示。

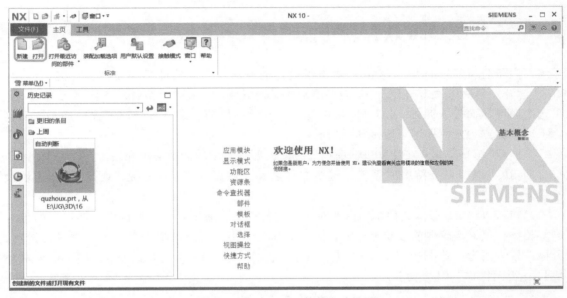

图 2-1　UG NX10.0 软件启动界面

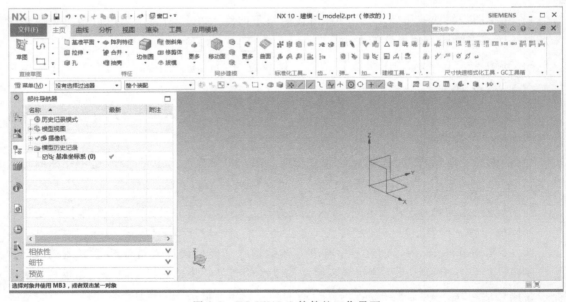

图 2-2　UG NX10.0 软件的工作界面

2.3　文件管理

2.3.1　新建部件文件

单击快速访问工具条里的新建按钮![btn]，或在选项卡选择【文件】→【新建】命令，打开【新建】对话框，如图 2-3 所示。为新建部件指定测量单位，输入新的文件名称和指定存储路径，单击【确定】按钮，完成新部件的创建。

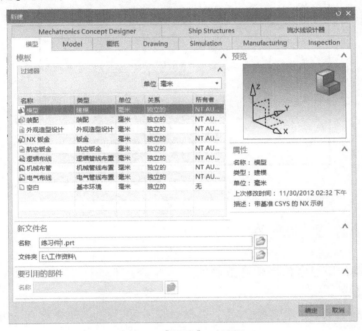

图 2-3　【新建】对话框

> UG NX10.0 支持中文系统，因此文件名和文件存储路径都可以包含中文字符。

2.3.2　打开部件文件

单击快速访问工具条里的【打开】按钮![btn]，或在"选项卡"选择【文件】→【打开】命令，指定需要打开的文件类型，然后在相应的路径下选择文件，根据系统显示的预览图单击【确定】按钮，打开部件。

> 如果是打开最近操作过的文件，还可以通过资源条选项中的【历史记录🕐】来快速打开文件或切换工作部件。

2.3.3　关闭和保存部件文件

选择选项卡的【文件】→【关闭】命令，菜单选项如图 2-4 所示，选择不同的选项可以进行单个或所有文件的关闭、保存、退出和重新打开等操作。

图 2-4 【关闭】菜单选项

2.4 鼠标与键盘的操作

UG NX 软件操作中通常使用带有滚轮的三键鼠标，下面列出的是鼠标与键盘在图形窗口中的几种常用操作。

1）MB1（鼠标左键）：单击操作用于选择对象；按住并移动光标用于拖拽对象；双击对象执行默认操作。

2）MB2（鼠标中键）：单击操作用于执行对话框中的【确定】或【应用】动作按钮命令；按住并移动光标用于视图旋转；滚动用于视图的放大或缩小。

3）MB3（鼠标右键）：打开并弹出快捷菜单。

4）MB1+MB2：同时按住 MB1 和 MB2 并移动鼠标，可对视图进行缩放操作。

5）MB2+MB3：同时按住 MB2 和 MB3 并移动鼠标，或者按<Shift>键+MB2 并移动鼠标，可以对视图进行平移操作。

6）<Shift>键+MB1：取消选择（在缩放模式下不能使用）。

7）<Ctrl>键+MB2：同时按下相当于执行对话框中的【应用】动作按钮命令；同时按下并移动鼠标可对视图进行缩放操作。

8）<Enter>键：确认数据输入。

9）<Esc>键：取消对象选择或取消命令。

通过使用快捷键可以更快地完成软件操作，因此建议用户在操作中熟练掌握快捷键的使用，以提高工作效率。

2.5　UG NX10.0工作界面

2.5.1　工作界面简介

UG NX10.0默认的工作界面与以往的版本不一样，其布局是按功能区的形式划分的。工作界面由快速访问工具条、标题栏、选项卡、功能区选项、菜单、资源条选项、提示行/状态行、工作区等组成，如图2-5所示。

用户如果习惯用以前版本的界面布局形式，可以选择【文件】→【实用工具】→【用户默认设置】→【基本环境】，打开图2-6所示的【用户默认设置】对话框，单击【用户界面】，在右边【用户界面环境】下勾选【仅经典工具条】，单击【应用】→【确定】即可。也可以选择【菜单】→【首选项】→【用户界面】，选择【布局】，在【用户界面环境】下勾选【仅经典工具条】，单击【应用】→【确定】来完成设置。

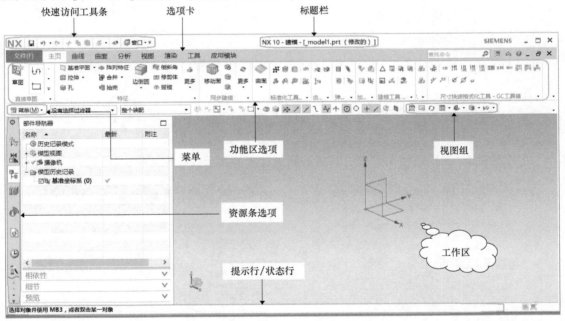

图2-5　UG NX10.0的工作界面组成

提示行/状态行的信息有助于进行下一步操作和观察当前的操作状态，所以在执行操作时请注意信息显示。

2.5.2　工作界面的定制

1.【定制】对话框

在图2-5所示的功能区选项的任一空白处单击鼠标右键，选择 定制(Z)... Ctrl+1 选项，打开图2-7所示的【定制】对话框。

关于【定制】对话框说明如下：

图 2-6 【用户默认设置】对话框

　　1）【命令】选项卡用于显示或隐藏功能区中的某些图标命令。方法是：在图 2-7 所示的对话框左侧选择一个类别，再将右侧【项】里的某一命令图标拖放到相应的下拉菜单和工具条中。

　　2）【选项卡/条】选项卡用于定制菜单和工具条的显示或隐藏效果，如图 2-8 所示。

图 2-7 【定制】对话框

图 2-8 【选项卡/条】选项卡

　　3）【快捷方式】选项卡用于对快捷菜单和挤出式菜单中的命令及布局进行设置，如图 2-9 所示。

4）【图标/工具提示】选项卡的【图标大小】项用于对功能区的显示、工具条图标大小以及菜单图标大小等进行设置，【工具提示】项用于对鼠标所指示的命令或选项进行文本提示，如图2-10所示。

图2-9　【快捷方式】选项卡

图2-10　【图标/工具提示】选项卡

2. 定制菜单和工具条

UG NX10.0提供了多种菜单和工具条的定制方法。

（1）添加或移除图标　用户可以快速定制已经在用户界面中显示的某个工具条的图标显示，如图2-11所示。

1）单击某个工具条最右侧的倒三角符号▼，如【特征】工具条右侧的倒三角符号。

2）选择需要定制的工具条名称，如【设计特征下拉菜单】。

3）在级联菜单中选中需要添加或移除的图标选项（以"√"表示添加）。

（2）新建工具条　UG NX10.0中允许用户建立自己的工具条，其一般操作步骤是：

1）打开【定制】对话框，激活【选项卡/条】选项卡。

图2-11　添加或移除图标

2）单击【新建】按钮，打开图2-12右侧所示的【选项卡属性】对话框。

3）输入新工具条的名称，选择其适用的应用模块。

4）单击【确定】按钮，完成新工具条的创建。

（3）在工具条中添加命令　UG NX10.0允许用户在任意工具条中添加命令，可通过

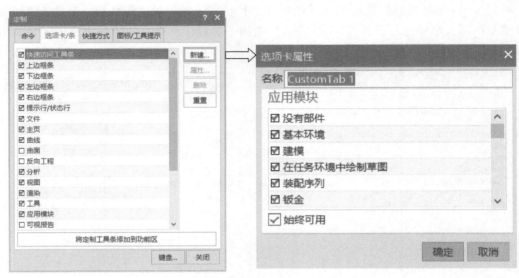

图 2-12　新建工具条的步骤图示

【定制】对话框中的【命令】选项卡实现。

1）在【定制】对话框中激活【命令】选项卡。

2）在图 2-13【类别】框中选择菜单选项或者工具条类别，如【特征】。

3）利用 MB1 选中图 2-13【项】中的【🔲孔】命令图标并拖动其到目标工具条中，当光标变为插入式样时，如图 2-13 中间所示，释放 MB1，即可完成【孔】命令的添加，如图 2-13 中右侧图所示。

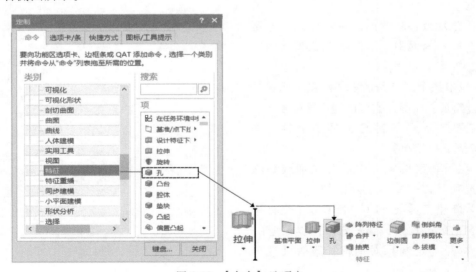

图 2-13　【命令】选项卡

4）如果要移除工具条中的某个图标，则在保持【定制】对话框打开的前提下，在图标上单击 MB3，在弹出的快捷菜单中选择【删除】命令即可，如图 2-14 所示。

（4）定制下拉菜单　前面的所有定制工具条命令的方法同样适用于定制下拉菜单中的命

图 2-14　删除图标

令选项，请读者自行练习。

2.6　视图和对象操作

视图功能主要是用来对视图进行设置的，在应用 UG NX 的过程中，经常需要对视图和模型对象的显示属性进行控制，以方便进行对象选择和其他操作，如定向视图方位、视图对象的显示样式、视图的可见性操作和视图对象可视化操作等。

2.6.1　定向视图方位

1. 定向视图

为方便观察对象或操作方便，在 UG NX 的操作过程中经常需要将视图定向为左视图、俯视图、前视图等。定向视图操作可以通过以下方法实现：

1）使用视图方位功能区的定向视图选项定向得到所需视图。

2）当需要将工作视图定向到工作坐标系（WCS）的 $X_C Y_C$ 平面进行操作时，可以使用视图方位功能区视图操作中的【将视图设置为 WCS】命令快速完成。

3）还可以使用图 2-15 所示的快捷键完成视图定向。

> 键盘<F8>键是将视图定向到最近的正交视图的快捷键，如果在之前选择了一个平面，则视图被定向到对正平面的方位。

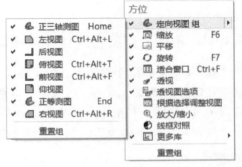

图 2-15　定向视图

2. 视图的缩放、平移、旋转和适合窗口

（1）缩放（F6）　选择该命令后，在视图的某一特定区域按住 MB1 并在显示一个矩形后松开 MB1，该特定区域的视图被放大。

（2）平移　选择该命令后，按住 MB1 并拖动鼠标可以平移视图。也可以使用 MB2+

MB3 或<Shift>键+MB2 直接执行此命令。

（3）⟳旋转（F7）　选择该命令后，按住 MB1 并拖动鼠标可以旋转视图。也可以直接使用 MB2 执行此命令。

（4）⊞适合窗口（Ctrl+F）　使用此命令可调整工作视图的中心和比例，以显示所有视图对象。

2.6.2　视图对象的显示样式

在观察视图时，有时需要改变视图的显示方式，如带边着色、局部着色、线框显示等。改变视图显示样式有以下几种方式：

1）使用视图样式下拉菜单，如图 2-16 所示。

2）使用视图样式弹出菜单。在工作区的空白处单击 MB3，弹出视图菜单，单击【渲染样式】，弹出菜单如图 2-17 所示。

3）在工作区的空白处长按 MB3，弹出视图推断菜单，如图 2-18 所示。

图 2-16　视图样式下拉菜单

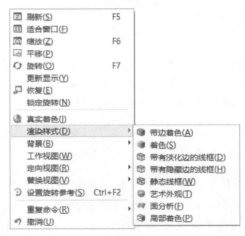

图 2-17　视图样式弹出菜单

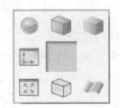

图 2-18　视图推断菜单

2.6.3　视图的可见性操作和可视化操作

在 UG NX 的操作过程中，为了便于观察和选择，经常需要编辑对象的显示属性，如对象所在图层、线型、颜色、透明度和着色方式，对象的显示和隐藏等。用户可以在【菜单】里面的【编辑】、【格式】和【首选项】下拉菜单中找到这些命令。另外，【视图】工具条中也提供这些命令的快捷图标，如图 2-19 所示。

图 2-19　【视图】工具条中的对象显示控制命令

1. 视图的可见性操作

（1）对象的显示和隐藏　在【视图】工具条中有【显示和隐藏】功能，此功能所包含的命令可用于对工作区中的对象按类型进行显示或隐藏，如图2-20所示。也可以通过菜单【编辑】→【显示和隐藏】进行操作。

图2-20　【显示和隐藏】功能子菜单

（2）通透显示和栅格　【通透显示】库中的命令可用于对已取消着重的对象进行通透显示编辑，【栅格】中的命令可用于在工作平面中显示栅格图样和将选择的对象捕捉到栅格位置，如图2-21示。栅格的类型、大小和颜色可以在菜单【首选项】里进行编辑。

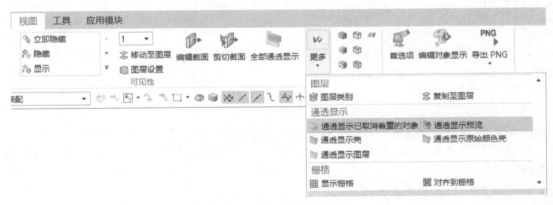

图2-21　对象可见性操作命令

2. 视图的可视化操作

（1）编辑对象显示　选择菜单【编辑】→【对象显示 Ctrl+J】，或者选择【视图】工具条中可视化模块的【编辑对象显示】图标，打开图2-22所示的【类选择】对话框，可在该对话框编辑选中对象的图层、颜色、线型、宽度、透明度、着色状态等。

（2）可视化首选项　选择菜单【首选项】→【可视化】，或者选择【视图】工具条中可视化模块的【首选项】图标，打开图2-23所示的【可视化首选项】对话框，在该对话框中可以进行一些常规的显示设置、边显示设置、着色视图设置、像素线宽的设置等。

2.6.4　对象选择

对产品进行设计，实际上就是用户对某些对象进行不断的选择操作的过程，因此对象选择是UG NX应用最为普遍的基本操作技能。系统针对不同的操作应用，给定了一系列选择工具，使用这些选择工具实际上就是通过限制选择对象的类型和设置过滤器的方法，来实现快速选择的目的。

图 2-22 【类选择】对话框

图 2-23 【可视化首选项】对话框

UG NX 中主要通过两种方法进行对象选择：

① 在绘图窗口中进行选择，方法通常是将光标放在显示对象上的任意位置。

② 在部件导航器中进行选择，是针对特定对象的选择，只需在导航器中选择相应的节点即可完成。

1. 绘图窗口对象的选择方式

在绘图窗口中，对象选择有单选和多选两种方式。

（1）单选　在对象上单击左键进行选择。当选择区域具有重叠对象时，可以使用预选和【快速拾取】对话框。

（2）多选　需要在【选择首选项】中设定鼠标手势和选择规则，如鼠标手势为矩形，则通过按住鼠标左键并移动光标拖动一个矩形来框选多个对象。

> 要取消选择的对象，可以在选择的同时按住键盘上的<Shift>键。

2. 预选和快速拾取对象

当进行单选时，可以使用预选和【快速拾取】对话框进行辅助选择。

（1）预选　若将光标移动到当前操作可选择的对象上方，这些对象就会高亮显示，这种功能称为预选。当光标为选择球 ✥ 状态时，在预选对象上单击左键则选中该对象，双击左键则执行默认的操作命令，单击右键则打开快捷菜单。

（2）使用【快速拾取】对话框　当使光标在对象上方停留一段时间后，出现快速拾取标记 ┼ 时，单击鼠标左键或右键并在弹出的快捷菜单中选择【从列表选取】命令，就可以打开【快速拾取】对话框，如图 2-24 所示。对话框中列出的几何对象优先被上面的选择条过滤，被过滤选项排除的几何对象不会出现在对话框中。对话框中几何对象的排列先后顺序取决于选择优先级设置。用鼠标左键单击高亮显示的所需项目即完成拾取。

3. 部件导航器中的选择

部件导航器位于工作界面的资源条选项里，它提供了在工作部件中特征父子关系的可视化表示，如图 2-25 所示。在部件导航器的模型历史记录里对应的对象上，单击鼠标左键该对象即被选中，双击鼠标左键可以执行默认的操作命令，单击鼠标右键可以打开快捷菜单，该菜单中有对选中对象的最常用的操作。

2.6.5　选择意图

当用户创建或编辑由选择意图支持的特征时，需要显示选择意图工具条来建立和指定选择意图规则。选择意图是一个曲线、边和面的集合选择工具，UG NX10.0 中提供了更多的特征命令支持选择意图，因此必须熟练掌握选择意图工具。选择意图工具条如图 2-26 所示。

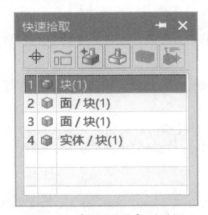

图 2-24　【快速拾取】对话框

图 2-25　部件导航器

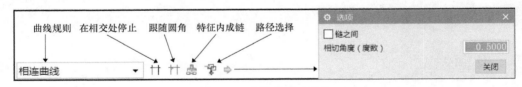

图 2-26　选择意图工具条

1. 曲线和边的选择意图

当特征中需要定义一个剖面轮廓（如拉伸、旋转等）或仅需要曲线或边缘（如边倒圆、边倒角等）时，曲线规则中的命令可用于定义如何选择并记住曲线的行为。

曲线规则下拉菜单中选择意图规则如下：

（1）单条曲线　允许用户单独选择一条或连续选择多条曲线或边缘。

（2）相连曲线　允许用户选择共享端点曲线或边缘链。

（3）相切曲线　允许选择一个连续相切的曲线或边缘链。

（4）特征曲线　从曲线特征中收集所有的输出曲线，如草图或任何其他曲线特征。

（5）面的边　收集面的所有边缘，包括选择的边缘。

（6）片体边　收集选择片体的所有边缘。

（7）区域边界曲线　收集框选区域内的所有边界曲线。

（8）组中的曲线　先把需要的多条曲线打包成组，选择对象时可以一次选中。

（9）自动判断曲线　根据用户选择的对象类型自动判断规则。例如，如果选择的对象是草绘的一组封闭曲线中的一条曲线，则默认可能为对应草图的【所有特征曲线】；如果选择的对象是一个边缘，则默认为【单条曲线】。

在已选择的曲线/边缘集合上，单击MB3可以快速切换选择意图规则。

2．剖面构建器选项

【在相交处停止】和【跟随圆角】选项都是曲线和边意图规则的延伸，它们可增强剖面的构建，并总称为【剖面构建器】选项。

（1）　在相交处停止　当选择相连曲线链时，在它与另一条曲线相交处停止该链。

（2）　跟随圆角　当选择相连曲线链时，在该链中的相交处自动沿相切圆弧或圆成链。此选项只在使用相连曲线和相切曲线规则时可以选择。

（3）　特征内成链　当选择相连曲线链时，将相交的成链和发现限制为仅当前特征范围之内。

（4）　路径选择　该选项为辅助选择，可自动判断所选通过曲线之间的路径。该路径即为对指定的选择意图而言具有最少链数的路径。

（5）　更多　提供选择意图规则的附加选项。打开【选项】对话框，如图2-26右侧所示，勾选【链之间】，主要用于选择开放的曲线链，即通过选择起始边和终止边的方法选择曲线链。

扫一扫，学习【在相交处停止】和【跟随圆角】的操作方法。

2.7　坐标系

UG NX的坐标系是遵守右手定则的笛卡儿坐标系，主要包含以下几种类型：

（1）绝对坐标系（Absolute Coordinate System，ACS）　绝对坐标系是系统默认的坐标系，它是唯一的，不可以移动和编辑，其原点和各坐标轴的方向永远不变，任何绘图都是以它为基准的，显示在UG NX工作区左下角。

（2）工作坐标系（Work Coordinate System，WCS）　工作坐标系是UG NX提供给用户的坐标系，一般显示于图形窗口中，用户可以任意变换其原点位置和方向，在UG NX工作区显示为XC/YC/ZC的坐标系就是工作坐标系。

（3）加工坐标系（Manufacturing Coordinate System，MCS）　加工坐标系一般用于加工模块，显示为XM/YM/ZM。进行数控程序后处理的时候就是按这个加工坐标系计算各坐标点位置的。

工作坐标系是绝对坐标系的相对坐标系，是通过对绝对坐标系偏置坐标而来的。默认情况下，工作坐标系的初始位置与绝对坐标系是重合的，但是用户可以根据需要对它进行动态移动、绕轴旋转、重定向等操作。下面结合工作坐标系操作工具条对其功能做简单的介绍。

1. 操纵工作坐标系

通过单击菜单里的【格式】→【WCS】，可以访问WCS选项，如图2-27所示。操纵工作坐标系主要有四种方式：动态WCS、WCS原点、旋转WCS和WCS定向，其中最为常用的功能为动态工作坐标系。

2. 显示/隐藏WCS

选择【 显示（P）】命令可以显示或隐藏工作坐标系；当工作坐标系被移动、旋转等变换后希望恢复原

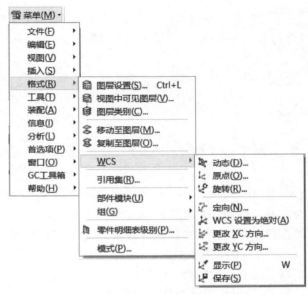

图2-27 WCS选项

始状态时，可以选择【 WCS设置为绝对（A）】命令实现。

3. 动态坐标系

选择WCS选项下的【 动态（D）】命令，或者在图形窗口中双击WCS，系统激活WCS的动态手柄，用于移动和绕轴旋转WCS。如图2-28所示，这些手柄分别为：

（1）原点手柄 当WCS的原点处于高亮显示状态时，通过启用捕捉点工具条，可以重新将WCS定位到对象上的任一点；按住MB1并拖动原点位置可以动态移动原点。

（2）轴手柄 箭头所指方向为坐标轴的正方向，当选择高亮显示的轴箭头时，在绘图窗口显示一个动态输入框，用于输入沿轴移动距离和捕捉增量。也可以在轴手柄上按住MB1并拖动WCS沿轴移动。

注：① 用MB1双击轴手柄，可以使该轴反向。

② 使用 矢量构造器，通过构造一个矢量来对齐选定的轴向。

（3）旋转手柄 当选择两轴间高亮显示的球状手柄时，系统在绘图窗口显示一个动态输入框，用于输入旋转角度和捕捉增量。也可以在球状旋转手柄处按住MB1并拖动，使WCS绕其相对的轴旋转。

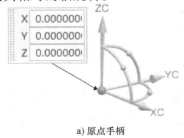

a) 原点手柄　　　　　　　　b) 轴手柄　　　　　　　　c) 旋转手柄

图2-28 动态显示的WCS

不论视图处在 XZ 平面还是 YZ 平面上，UG NX 都是默认在工作坐标系的 XY 平面上绘制图形的。要在 XZ 平面或 YZ 平面上绘图就要通过坐标变换来实现，这一点很重要！

扫一扫，学习 WCS 的变换。

2.8 基准特征

基准特征是在设计过程中使用的辅助构造工具，它在要求的位置与方位建立特征和草图等时起参考作用。基准特征主要包括三种类型：基准平面、基准轴和基准 CSYS。它们的选择路径为：选择功能区选项的【主页】特征工具条→【基准/点库】，或选择菜单中的【插入】→【基准/点库】。

以下是基准特征在 UG NX 设计过程中的一些常见应用：

1）作为设计特征和草图的放置面。

2）作为设计特征或草图的定位参考。

3）作为镜像操作的对称平面。

4）作为修剪平面。

5）作为基本扫描特征的拉伸方向或旋转轴。

2.8.1 基准平面

使用基准平面可创建平面参考特征，用于辅助构造其他特征。基准平面包括相对基准平面和固定基准平面，它们的显示大小可以调整，如图 2-29 所示。基准平面的类型和构造方法见表 2-1。

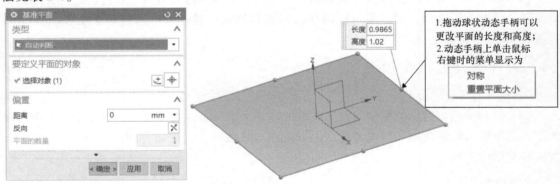

图 2-29 【基准平面】对话框和动态基准平面

表 2-1 基准平面的类型和构造方法

平面类型	平面构造方法
自动判断	系统根据选择的对象自动判断约束条件，决定最可能使用的平面类型。例如选取一个实体表面，系统自动生成一个预览基准平面，用户可以输入偏置值和平面数量来创建基准平面
按某一距离	创建的平面和选择的已知平面（零件表面或基准平面）平行且相距一定的距离

（续）

平面类型	平面构造方法
成一角度	通过指定的旋转轴并与一个选定的平面成一角度来创建基准平面
二等分	选择两个平行平面,创建与它们等距离的中心基准平面;或选择两个相交平面,创建与它们等角度的角平分面
曲线和点	通过一个指定的点,再指定第二个对象(可以是点、曲线、轴、面等)来确定基准平面的法向
两直线	通过选择两条直线(或线性边、面的法向量、基准轴),创建一个基准平面。如果选择的两个对象在同一平面内,则创建的平面与两对象组成的面重合;如果选择的两个对象不在同一平面内,则创建的平面过其中一个对象且和另一个对象垂直
相切	创建的平面与指定的曲面相切并受限于另外一个选中的对象,此对象可以是点、直线、曲面等
通过对象	以选中的对象为参考自动创建基准平面
点和方向	通过指定的参考点并垂直于定义的矢量
曲线上	创建一个过曲线/边上的一点并与曲线法线或切线相垂直的基准平面
YC-ZC 平面 XC-ZC 平面 XC-YC 平面	创建的平面与工作坐标系的主平面平行或重合
视图平面	创建的平面与视图方向垂直,其法向与视图方向相同
a,b,c,d 按系数	利用系数创建基准平面。由方程式:$ax+by+cz=d$ 确定

2.8.2 基准轴

基准轴用一条带有箭头的直线表示，如图 2-30 所示。基准轴最主要的应用是作为方向参考和旋转轴。

2.8.3 基准坐标系

UG NX 中允许用户在一个绘图窗口中根据需要创建多个基准坐标系，但是处于激活状态的只有一个。一个基准坐标系包含三个基准平面、三个基准轴、一个原点和一个 CSYS，如图 2-31 所示。UG NX10.0 在用户进入建模环境时已经默认创建了一个基准坐标系，作为建模基准位置参考。

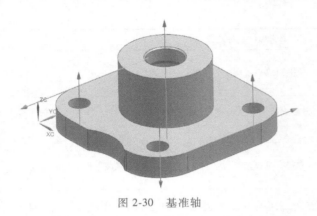

图 2-30 基准轴

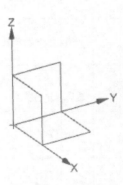

图 2-31 基准坐标系

2.9 图层操作

在运用 UG NX 进行设计的过程中，可以将不同类型的对象存放于不同的图层中，但是在一个部件的所有图层中，系统仅允许一个图层作为当前工作图层，所有操作只能在该工作图层上进行。用户可以方便地控制其他图层的可选性、可见性等状态，这使得原本复杂的设计变得具有条理性。UG NX 总共提供 256 个图层供用户使用。【视图】可见性提供了图层库，如图 2-32 所示，它们对应于菜单中的【格式】选项。

图 2-32 图层库

1. 快速设定工作图层

在【视图】可见性的工作层输入栏内 1 ▼ 输入图层编号并按<Enter>键确认，或者从工作层输入栏右侧下拉选项中选择图层作为工作层。

2. 图层设置

【🔲 图层设置（Ctrl+L）】用来设置工作图层、可见和不可见图层，并定义图层的类别名称。选择【视图】可见性中的【图层设置】命令，或者选择菜单中的【格式】→【图层设置】，打开图 2-33 所示的【图层设置】对话框。除工作层以外的任何层可以被设置为下面 4种状态中的一种：

① 设为可选。

② 设为工作图层。

③ 设为仅可见。

④ 设为不可见。

图 2-33　【图层设置】对话框及图层设置

注：① 在【图层设置】对话框中，双击图层名称列表中除工作层以外的其他图层，可以快速将其他层转换为工作层。

② 可以在任何时候执行图层设置功能。例如可以在执行一个命令的同时进行图层设置而不会中断该命令的执行。这样的功能还包括对象显示和隐藏操作、编辑对象显示、WCS 变换、信息查询和模型分析等。

3. 图层类别

【图层类别】用于创建分类命名的图层组。在【图层设置】对话框中勾选【类别显示】选项，或者直接在【视图】可见性中选择【图层类别】，可以打开图 2-34 左图所示的【图层类别】对话框。

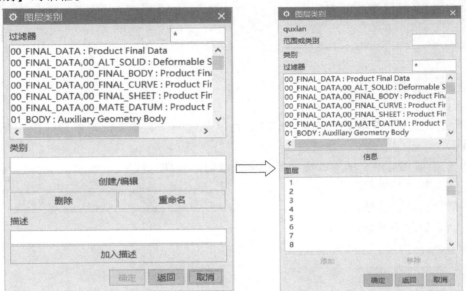

图 2-34　创建图层类别

创建一个图层类别的步骤是：输入类别名称→选择【创建/编辑】→输入或选择范围（如 11-20）→按<Enter>键→单击【确定】按钮，完成一个图层组的创建。

建立一个标准的图层类别有利于建立一个标准化的设计环境，实现数据共享，设计人员应该养成这一良好习惯。UG NX10.0 提供了一个标准的图层分类，表 2-2 中介绍了一部分，供读者参考，设计人员也可以根据自己的需要创建图层类别。

表 2-2　图层分类标准

分类名称		图层分配
FINAL_DATA	最终数据	1-10
BODY	体	11-20
SKETCH	草图	21-60
DATUM	基准	61-80
CURVE	曲线	81-90
SHEET	片体	91-110

4. 移动/复制对象至图层

（1）移动至图层　将对象从一个图层移动到另一个图层，从而将对象放到已创建的对应图层类别里去。操作步骤为：选择【移动至图层】命令→选择需要被移动的对象→选择或输入目标图层的编号→单击【确定】按钮，执行移动操作。操作完成后可在图层设置中编辑图层的状态。

（2）复制至图层　将对象从一个图层复制到另一个图层，且源对象仍然保留在原来的图层上。操作方法与【移动至图层】命令相同，但需要注意的是，此功能是一种非参数化操作，从而会导致复本非参数化。

扫一扫，学习图层的操作。

2.10　练习题

1. 任意打开一个实体文件，设置零件颜色以及透明度，并进行对象的显示和隐藏的相关操作练习。

2. 学生根据任意给定图形，按老师要求练习创建基准特征。

（1）创建新的基准平面。

（2）创建新的基准轴。

（3）创建新的基准坐标系。

第 **3** 章

草图设计

草图是用户可以对其进行参数化控制的平面特征曲线，用于定义特征的截面形状和位置。草图是进行参数化设计的重要工具，可以完整地表达用户的设计意图。UG NX 为草图设计提供了一个专门的环境——草图生成器（Sketcher），用于草图的绘制和编辑。

通过本章的学习，读者可以掌握草图设计的以下功能：

创建草图曲线的一般工具；

使用草图约束工具进行草图约束和管理；

使用草图进行工作；

编辑草图。

3.1 草图环境中的关键术语

（1）对象 二维草图中的任何几何元素，如直线、中心线、圆弧、圆、椭圆、样条曲线、点或坐标系等。

（2）尺寸 对象大小或对象之间位置的量度。

（3）约束 定义对象几何关系或对象间的位置关系。

（4）参数 草图中的辅助元素。

（5）过约束 两个或多个约束可能会产生矛盾或多余约束时。出现这种情况时，必须删除一个不需要的约束或尺寸以解决过约束。

3.2 进入与退出草图环境

UG NX10.0 中的草图分为直接创建草图和创建任务环境中草图。直接创建草图就是在建模环境里同时有实现一部分草图的功能，但又不能完全实现草图里的功能；创建任务环境中草图是进入一个独立的专门绘制草图的模块，有一个完全的草图环境。草图进入方式如下：

（1）直接创建草图 选择菜单【插入】→【草图】，如图 3-1 所示；或选择【主页】选项卡【直接草图】组中的【▣草图】图标，如图 3-2 所示；系统弹出图 3-3 所示的草图界面。退出草图时，直接单击【▨完成】图标即可。

（2）创建任务环境中草图 选择菜单【插入】→【在任务环境中绘制草图】，如图 3-4 所示，打开任务环境中草图界面，如图 3-5 所示；退出草图时直接单击【▨完成】图标即可。

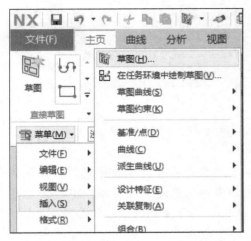

图 3-1　菜单方式进入草图

图 3-2　选项卡方式进入草图

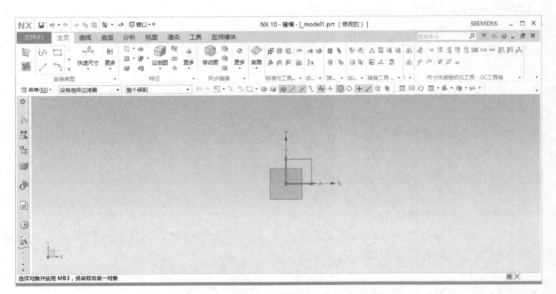

图 3-3　草图界面

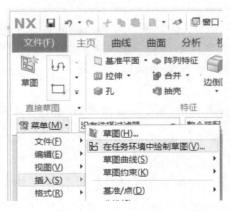

图 3-4　进入创建任务环境中草图

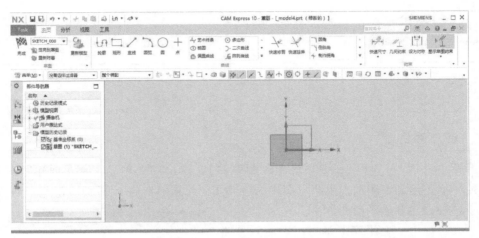

图 3-5 任务环境中草图界面

3.3 草图绘制前的设置

进入草图环境后，选择菜单【首选项】→【草图】，弹出【草图首选项】对话框，如图 3-6 所示。在该对话框中可以设置草图的显示参数和默认名称前缀等参数。

a) 草图设置

b) 会话设置

图 3-6 【草图首选项】对话框

3.4 草图曲线的绘制

进入草图环境后，界面上出现绘制草图时所需要的草图工具条，如图 3-7 所示。使用时选择相应命令或在菜单【插入】→【草图曲线】中选择相应的命令。

图 3-7　草图工具条

3.4.1　创建草图

选择菜单【插入】→【在任务环境中绘制草图】，弹出图 3-8 所示的【创建草图】对话框，草绘平面是绘制草图的前提，草图中的所有几何元素都在这个平面中完成，UG NX10.0中提供了两种创建草绘平面的方法。

（1）在平面上　在平面上是指以平面为参照面创建所需的草绘平面，在【平面方法】下拉列表框中提供了 3 种指定草绘平面的方式。

1）现有平面。选择该选项可以指定基准平面或三维实体模型中的任意平面作为草绘平面。

2）创建平面。可以利用现有的坐标系平面、基准平面、实体表面等平面为参照，创建出新的平面作为草绘平面。

3）创建基准坐标系。创建一个新的坐标系，并选取该坐标系上的基准平面作为草绘平面。

图 3-8　【创建草图】对话框

（2）基于路径　以直线、圆、实体边缘、棱线等曲线为轨迹，通过设置与该轨迹垂直和平行等方位约束创建草绘平面。

> 当选择【基于路径】方式创建草绘平面时，绘图区必须存在可供选取的线段、圆、实体边等曲线轨迹。
>
> 扫一扫，看看如何创建草绘平面。

3.4.2　基本草图曲线

（1）绘制轮廓线　以线串模式创建一系列连接的直线和/或圆弧，也就是说，上一条曲线的终点为下一条曲线的起点。轮廓的默认绘制方式为直线，可以从【轮廓】选项中直接选择图标来切换作图方式，也可以通过"按住→拖动→释放"鼠标左键的操作方式来切换。当在连续绘制模式下，从直线切换到圆弧或连续绘制圆弧时，可以通过象限符号确定圆弧的产生方向。单击【轮廓】命令，弹出图 3-9 所示的【轮廓】对话框，连续绘制过程如图3-10 所示。

图3-9 【轮廓】对话框

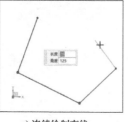

a) 连续绘制直线

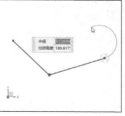

b) 连续绘制直线、圆弧

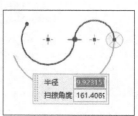

c) 连续绘制圆弧

图 3-10 连续绘制过程

注：① 如果圆弧的方向错误，需要预选直线或圆弧的端点，然后从正确的象限移出光标。

② 绘制完圆弧之后系统自动切换为直线模式，如果需要连续绘制圆弧，可以使用鼠标左键双击【轮廓】选项中的圆弧图标。

③ 利用象限符号控制圆弧的方向仅适用于连续绘图模式。

（2）绘制矩形 选择【□ 矩形】命令，弹出图 3-11a 所示的【矩形】对话框。绘制矩形有三种方法，图 3-11b 所示为通过确定两个对角点来创建矩形；图 3-11c 所示为通过确定三个顶点来创建矩形；图 3-11d 所示为通过选取中心点、任意一条边的中点和端点来创建矩形。

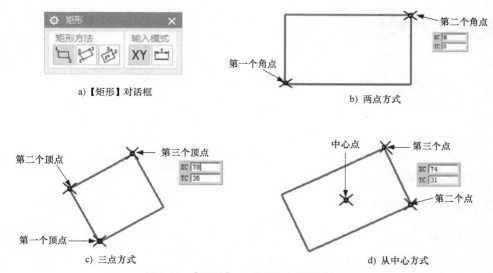

图 3-11 【矩形】对话框及矩形绘制方法

（3）绘制直线 选择【／ 直线】命令，弹出图 3-12 所示的【直线】对话框，可以看到，有坐标模式和参数模式两种直线绘制方法。

（4）绘制圆弧 选择【ˊ 圆弧】命令，弹出图 3-13 所示的【圆弧】对话框。绘制圆弧有两种方法。图 3-14a 所示为通过确定圆弧的两个端点和圆弧上的一个通过点来创建圆弧；图 3-14b 所示为通过确定圆弧的中心和端点来创建圆弧。

图 3-12 【直线】对话框和直线绘制方法

图 3-13 【圆弧】对话框

a) 三点定圆弧　　　　　b) 中心和端点定圆弧

图 3-14 圆弧绘制方法

（5）绘制圆　选择【○圆】命令，弹出图 3-15 所示的【圆】对话框。绘制圆有两种方法。图 3-16a 所示为通过确定圆心和直径来创建圆；图 3-16b 所示为通过确定圆上的三点来创建圆。

图 3-15 【圆】对话框

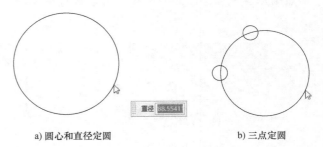

a) 圆心和直径定圆　　　　　b) 三点定圆

图 3-16 圆的绘制方法

（6）绘制点　选择【+点】命令，弹出图 3-17 所示的【草图点】对话框。

3.4.3　拓展草图曲线

1. 样条曲线

选择【ᐱ艺术样条】命令，弹出图 3-18 所示的【艺术样条】对话框。绘制样条曲线有两种方法。

图 3-17 【草图点】对话框

（1）通过点的方式　在【艺术样条】对话框中，类型选择【通过点】，此时，在绘图区单击鼠标左键，选取几个点，就可以看到通过每个选取点的一条样条线，单击【确定】按钮，完成样条线的绘制，如图 3-19a 所示。

（2）根据极点方式　在【艺术样条】对话框中，类型选择【根据极点】。此时，在绘图区选取几个点，出现一条仅首尾通过选取点的更为光顺的样条线，单击【确定】按钮，完成样条线绘制，如图 3-19b 所示。

图 3-18　【艺术样条】对话框

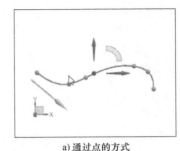

a) 通过点的方式

b) 根据极点方式

图 3-19　艺术样条绘制方法

注意：① 选取点的数量没有上限。

② 绘制好后，若对样条曲线形状不满意，也可以双击该样条曲线，拖动极点，调整其形状。

③ 绘制好后，可以对样条曲线的极点标注尺寸或添加约束，以固定样条曲线。

④ 根据极点方式中选取极点的最少个数，与参数化中的【次数】大小有关，次数为3时，最少4个点。次数越大，所需最少极点数越多。

2. 多边形

选择【⬡ 多边形】命令，弹出图 3-20 所示的【多边形】对话框。绘制多边形有三种方式：一种是设定内切圆半径；一种是设定外接圆半径；一种是设定边长。绘制结果如图 3-21 所示。

图 3-20　【多边形】对话框

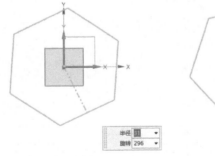

a) 内切/外接圆方式

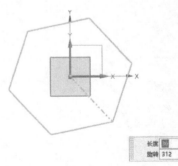

b) 设定边长方式

图 3-21　多边形的绘制方法

3. 椭圆

选择【⬭ 椭圆】命令，弹出图 3-22 所示的【椭圆】对话框。椭圆属于标准曲线，一般仅需要约束其中心。如果需要改变椭圆的参数，可以通过菜单【编辑】→【编辑曲线】→【参数】功能来对选中的椭圆进行编辑。

4. 偏置曲线

选择【⬜ 偏置曲线】命令，弹出图 3-23 所示的【偏置曲线】对话框。偏置曲线就是

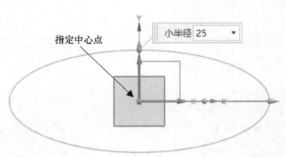

图 3-22 【椭圆】对话框

对当前草图中的曲线进行偏移，从而产生与源曲线相关联、形状相似的新的曲线，有两种类型，如图 3-24 所示。

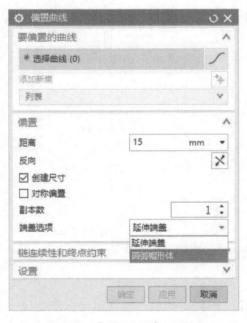

图 3-23 【偏置曲线】对话框

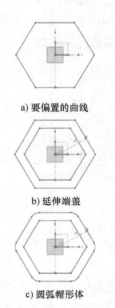

a) 要偏置的曲线

b) 延伸端盖

c) 圆弧帽形体

图 3-24 偏置曲线类型

5. 阵列曲线

选择【阵列曲线】命令，弹出图 3-25 所示的"阵列曲线"对话框。阵列曲线就是阵列位于草绘平面上的曲线链，阵列的布局有线性、圆形、常规，图3-26所示为以线性和圆形布局完成的阵列操作。

图3-25　【阵列曲线】对话框

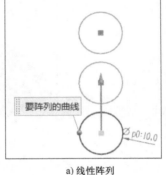

a) 线性阵列

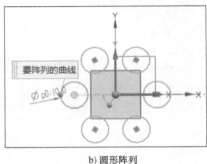

b) 圆形阵列

图3-26　阵列曲线操作

6. 镜像曲线

选择【 镜像曲线】命令，弹出图3-27示的【镜像曲线】对话框。利用【镜像曲线】命令可以将草图对象以一条直线为对称中心，将所选取的对象以这条对称中心进行对称复制，生成新的草图对象，如图3-28所示。

图3-27　【偏置曲线】对话框

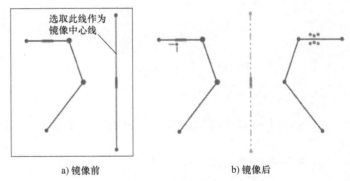

a) 镜像前　　　　　　　　　　b) 镜像后

图3-28　镜像曲线操作

7. 相交曲线

选择【 相交曲线】命令，弹出图3-29所示的【相交曲线】对话框。利用【相交曲线】命令可以通过用户指定的面与草图基准平面相交生成一条曲线，如图3-30所示。

8. 投影曲线

选择【 投影曲线】命令，弹出图3-31所示的【投影曲线】对话框。投影曲线功能是将选取的对象按垂直于草图工作平面的方向投射到草图中，使之成为草图对象，如图3-32所示。

图 3-29 【相交曲线】对话框

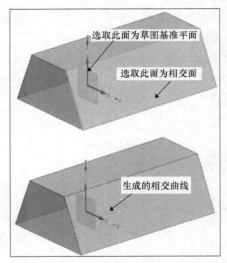

图 3-30 生成相交曲线操作

图 3-31 【投影曲线】对话框

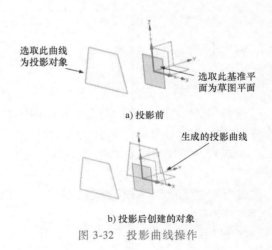

图 3-32 投影曲线操作

9. 派生直线

选择【派生直线】命令，有多种创建方法，如图 3-33 所示。

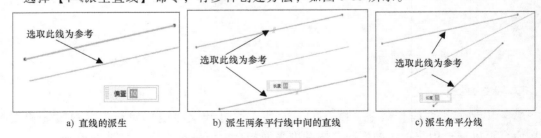

图 3-33 派生直线创建方法

3.4.4 草图曲线编辑

1. 制作拐角

选择菜单【编辑】→【曲线】→【制作拐角】，或选择【主页】选项卡【曲线组】中的【

制作拐角】命令，弹出图 3-34 所示的【制作拐角】对话框。拐角制作过程如图 3-35 所示。

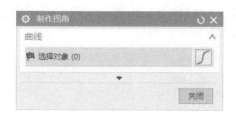

图 3-34 【制作拐角】对话框

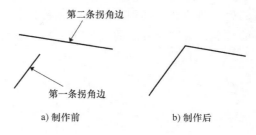

a) 制作前 b) 制作后

图 3-35 拐角制作过程

2. 删除对象

在图形区单击或框选要删除的对象（框选时要框住整个对象），此时可看到选中的对象变成高亮显示，然后单击键盘上的<Delete>键，所选对象即被删除。

3. 复制对象

选中要复制的对象后，选择菜单【编辑】→【复制】或右键选择【复制】，然后选择菜单【编辑】→【粘贴】或右键选择【粘贴】完成对象的复制，如图 3-36 所示。

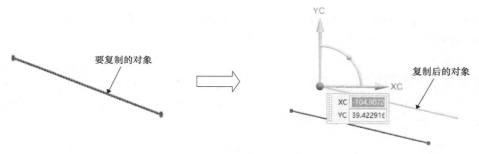

图 3-36 复制对象过程

4. 快速修剪

选择菜单【编辑】→【曲线】→【快速修剪】，或选择【主页】选项卡【曲线】组中的【 快速修剪】命令，弹出图 3-37 所示的【快速修剪】对话框。

1）可以修剪曲线至最近的交点，当将光标置于曲线上时，系统会预览显示修剪结果。

2）可以直接删除没有与其他曲线形成交叉的曲线。

3）按住 MB1 并拖动鼠标可以打开【蜡笔】工具快速修剪多条曲线，与蜡笔轨迹相交的部分被修剪，如图 3-38a 所示。

图 3-37 【快速修剪】对话框

4）快速修剪默认自动寻找相交边界，但也可以选择曲线作为边界，此时自动边界功能失效，如图 3-38b 所示。

5. 快速延伸

选择菜单【编辑】→【曲线】→【快速延伸】，或选择【主页】选项卡【曲线】组中的

【✎快速延伸】命令，弹出图3-39所示的【快速延伸】对话框。此功能用于延伸曲线至邻近的另一条曲线，其用法与【快速修剪】命令类似。但应注意，快速延伸曲线必须得到实际的交点，否则无效。曲线延伸一般自动创建【点在曲线上】约束。

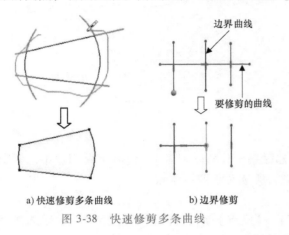

图 3-38　快速修剪多条曲线

图 3-39　【快速延伸】对话框

6. 圆角

选择【主页】选项卡【曲线】组中的【▢圆角】命令，弹出图3-40a所示的【圆角】对话框，使用方法如图3-40b~e所示。

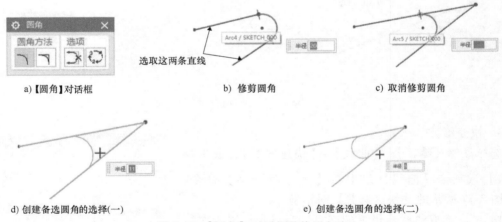

图 3-40　【圆角】对话框及使用方法

3.5　草图约束

草图约束主要包括几何约束和尺寸约束两种类型。几何约束是用来定位草图对象和确定草图对象之间的相互关系的，而尺寸约束是用来驱动、限制和约束草图几何对象的大小和形状的。

在绘制草图过程中是否自动创建某些约束，由【▨自动判断约束和尺寸】、【▨创建自动判断约束】和【▨连续自动标注尺寸】三个命令来决定。【草图约束】工具条如图3-41所示，当设置了【▨自动判断约束和尺寸】中的几何约束后，开启【▨创建自动判断约束】和【连续自动标注尺寸】两个命令，绘制草图时就会自动添加对应的尺寸约束和几何约束。用户也可以在草图曲线建立之后，利用草图约束工具管理草图约束和添加缺少的约束。

图 3-41 【草图约束】工具条

1. 草图的颜色

为了用户能够更好地检查和管理草图的约束状态，对不同类型的草图对象及其在不同的约束状态时的显示设置了不同的颜色。选择菜单【首选项】→【草图】，打开【草图首选项】对话框，选择【部件设置】选项卡，查看草图颜色的设置，如图 3-42 所示。

2. 草图的约束状态

当选择尺寸约束或几何约束命令时，UG NX 的状态栏列出激活草图的约束状态。草图可能完全约束、欠约束、过约束或冲突约束，当出现这些情况时会显示对应的颜色。

3. 拖动草图

拖动草图对象在草图绘制和约束过程中是一个非常重要的操作，它可以动态调整欠约束草图对象的位置和尺寸，也可以检查草图的约束状态和未被约束的几何。拖动欠约束的草图几何沿其未被约束的方向动态移动，与其相关联的曲线就会做相应改变。拖动操

图 3-42 【草图首选项】对话框

作对象可以是一条曲线、一个草图点和多条草图曲线以及参考尺寸约束，而基于约束的不同，一般会有不同的操作结果。

3.5.1 草图尺寸约束

（1）添加尺寸约束 在草图上标注尺寸，并设置尺寸标注线的形式与尺寸大小，以驱动、限制和约束草图几何对象。可以使用草图约束工具条中的尺寸菜单来选择合适的尺寸约束，如图 3-43 所示。创建一个尺寸后，一个表达式同时被创建，用户可以输入新的表达式名称和数值，如图 3-44 所示。

（2）编辑尺寸 用鼠标左键双击一个尺寸可对该尺寸名称和数值进行编辑，【线性尺寸】对话框如图 3-45 所示；用鼠标左键选中某一尺寸可将其拖动到合适的位置显示。

3.5.2 草图几何约束

几何约束用于建立草图对象的几何特征，或者建立两个或多个对象之间的关系。当需

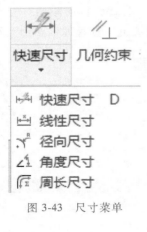

图 3-43　尺寸菜单

图 3-44　尺寸表达式

图 3-45　【线性尺寸】对话框

要建立几何约束时，选择【⊥几何约束】命令，弹出图 3-46 所示的【几何约束】对话框，选择需要施加的几何约束图标→选择需要施加约束的对象→然后选择要约束到的对象→单击【关闭】按钮，完成约束。约束符号如图 3-47 所示。

图 3-46　【几何约束】对话框

图 3-47　约束符号

3.5.3　草图约束设为对称

选择【🔳设为对称】命令，弹出图 3-48 所示的【设为对称】对话框，可以将两个点或曲线约束为相对于草图上的对称中心线对称。操作方法如图 3-49 所示。

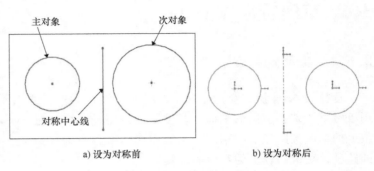

图 3-48 【设为对称】对话框

图 3-49 设为对称操作方法

3.5.4 显示/移除约束

选择【🖋 显示/移除约束】命令，弹出图 3-50 所示的【显示/移除约束】对话框。该指令主要显示与选定的草图几何图形关联的几何约束，并移除所有这些约束或列出信息。例如移除图 3-51a 所示两个圆的对称约束，在【显示/移除约束】对话框中选择"Arc1 与 Arc2 对称"，单击【移除高亮显示的】按钮，结果如图 3-51b 所示，对称约束被移除。如果直接单击对话框中的【移除所列的】，则列表中的所有约束都被移除。

3.5.5 草图约束设置

为方便约束操作，通常情况下在如图 3-52 所示的约束下拉菜单中勾选常用的约束指令。

图 3-50 【显示/移除约束】对话框

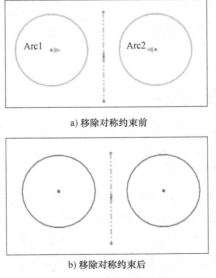

图 3-51 显示/移除约束操作

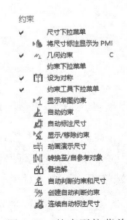

图 3-52 约束下拉菜单

3.6 草图特征与工具

3.6.1 重新附着草图

选择【重新附着】命令，弹出图 3-53 所示的【重新附着草图】对话框。该指令主要用于将草图移到不同的平面、基准平面或路径，切换原位上的草图到路径上的草图，反之亦然，沿着所附着到的路径，更改路径上的草图的位置。

扫一扫，学习如何重新附着草图。

3.6.2 更新模型

【更新模型】命令用于模型的更新，以反映对草图所做的更改。如果存在要进行的更新，并且退出了草图环境，则系统自动更新模型。

图 3-53 【重新附着草图】对话框

3.6.3 备选解

当用户对一个草图对象进行约束操作时，同一约束条件可能存在多种满足约束的情况，【备选解】操作正是针对这种情况的，它可从约束的一种解法转为另一种解法。选择【备选解】命令，弹出图 3-54 所示的【备选解】对话框，用户可以通过此对话框选择另一种解法，如图 3-55 和图 3-56 所示。

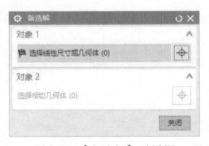
图 3-54 【备选解】对话框

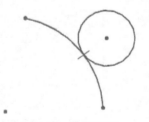
图 3-55 外切图形

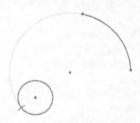
图 3-56 内切图形

3.6.4 转换至/自参考对象

在为草图对象添加几何约束和尺寸约束的过程中，有些草图对象是作为基准、定位来使用的，或者有些草图对象在创建尺寸时可能引起约束冲突，此时可利用草图约束工具条中的【转换至/自参考对象】命令，将草图对象转换为参考线。

选择【主页】选项卡【约束】组中的【转换至/自参考对象】命令，弹出图 3-57 所示的【转换至/自参考对象】对话框。图 3-58 所示为将 φ100mm 的圆转换为参考对象。同时也可利用该按钮将其激活，即从参考线转化为草图活动对象。

图 3-57 【转换至/自参考对象】对话框

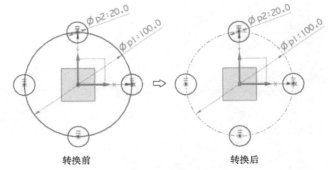

转换前　　　　　　转换后

图 3-58 将 φ100mm 圆转换为参考对象

3.7　草图综合实例练习

完成图 3-59 所示的草图的绘制。

1）启动 UG NX10.0，新建文件名为 001.prt，进入建模模块。

2）选择菜单【插入】→【在任务环境中绘制草图】，选择 XC-YC 为工作平面，单击【确定】按钮，进入草图环境。

3）选择曲线工具条中【╱直线】命令，绘制长度为 52mm 的水平线，并单击【连续自动标注尺寸】图标命令来添加尺寸约束，如图 3-60 所示。

4）选择约束工具条中【⊥几何约束】命令，弹出图 3-61 所示的【几何约束】对话框，约束水平线和 XC 轴共线，并且约束水平线的左端点在 YC 轴上，如图 3-62 所示。

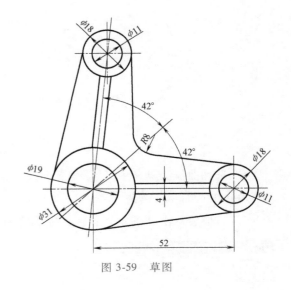

图 3-59 草图

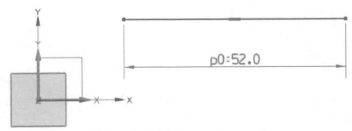

图 3-60 绘制直线并添加尺寸约束

5）选择曲线工具条中【○圆】命令，选择【圆心和直径定圆】的方式，并单击捕捉按钮【╱】，以直线两端点为圆心分别绘制 4 个圆，最后添加尺寸约束，如图 3-63 所示。

图 3-61 【几何约束】对话框

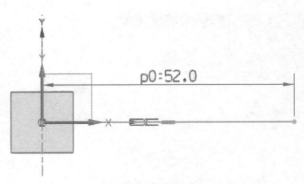

图 3-62 约束直线

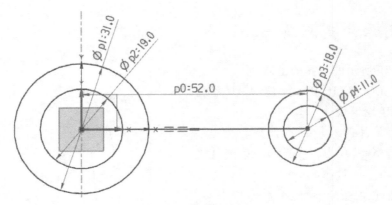

图 3-63 绘制 4 个圆

6）选择曲线工具条中【偏置曲线】命令，弹出图 3-64 所示的【偏置曲线】对话框，选择 52mm 的直线作为偏置线，设置向下偏置距离为 2mm，如果方向错误，单击反向按钮 ✕ 即可，最后单击【确定】按钮，完成绘图，如图 3-65 所示。

图 3-64 【偏置曲线】对话框

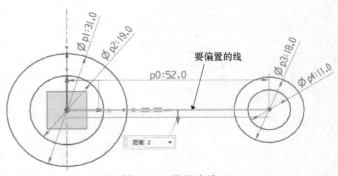

图 3-65 偏置直线

7）选择曲线工具条中的【 镜像曲线】命令，弹出图 3-66 所示的【镜像曲线】对话框，选择第（3）步画的 52mm 直线作为镜像中心线，然后选择偏置直线作为要镜像的曲线，单击【确定】按钮，完成镜像，如图 3-67 所示。

图 3-66　【镜像曲线】对话框

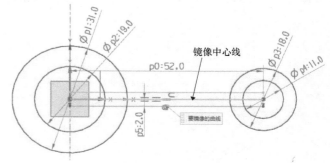

图 3-67　镜像直线

8）选择曲线工具条中的【 快速修剪】命令，弹出图 3-68 所示的【快速修剪】对话框，首先选择两个大圆作为修剪边界，再选择要修剪的两根曲线，最后选择两水平线的圆内部分，单击【关闭】按钮，完成绘图，如图 3-69 所示。

图 3-68　【快速修剪】对话框

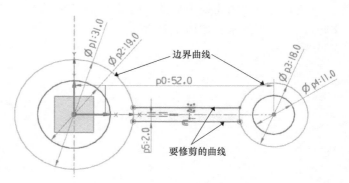

图 3-69　裁剪多余曲线

选择要修剪的曲线时，鼠标应该捕捉曲线与边界相交要被剪掉的那一端。

9）选择曲线工具条中【 直线】命令，然后作两圆的公切线，如图 3-70 所示。

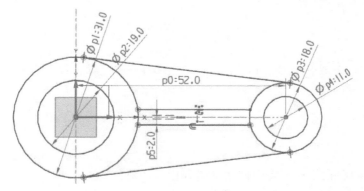

图 3-70　绘制公切线

10）选择【 直线】命令，过原点绘制任意长度的直线并标注与 *X* 轴成 42°，如图3-71所示；选择曲线工具条中的【 镜像曲线】命令，首先选择直线作为镜像中心线，然后选择右半部分作为镜像曲线，最后单击【确定】按钮，完成镜像，如图3-72所示。

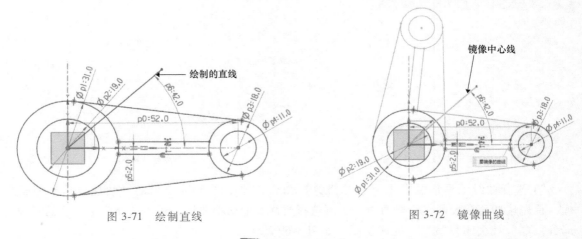

图 3-71　绘制直线　　　　　　　　　图 3-72　镜像曲线

11）选择草图曲线工具条中的【 圆角】命令，选取内侧两线倒圆角，输入圆角半径8mm，完成倒圆角，如图3-73所示。

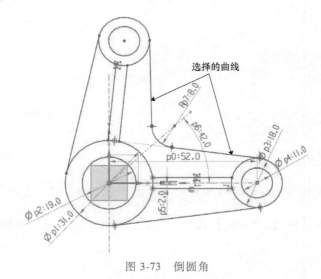

图 3-73　倒圆角

12）选择【 完成】命令，退出草图，单击保存按钮 ，保存图形，完成绘图。

3.8　练习题

1. 概念题

（1）直接草图和在任务环境中创建草图有什么区别？

（2）必须使用完全约束的草图来创建特征吗？

（3）约束好的草图镜像或阵列后还需要再约束吗？

（4）激活一个已经存在的草图有哪些方式？请操作说明。

2．操作题

完成图 3-74 和图 3-75 所示的两个草图的绘制。

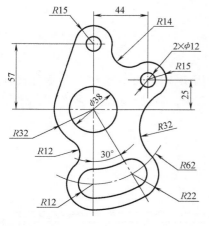

图 3-74　草图绘制一

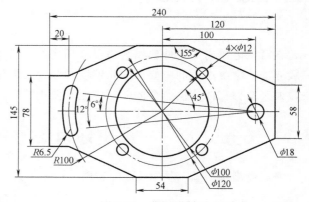

图 3-75　草图绘制二

第 **4** 章

三维实体建模

本章以电风扇的零件建模为项目应用主线，介绍使用 UG NX10.0 进行产品零件设计的一般方法。学习本章的主要目的是使读者全面了解建模系统，通过比较同一零件采用不同方法建模来掌握实体建模命令的使用方法和使用技巧。

4.1 任务引入——风扇标识盖的建模

完成风扇标识盖（图 4-1）的建模。

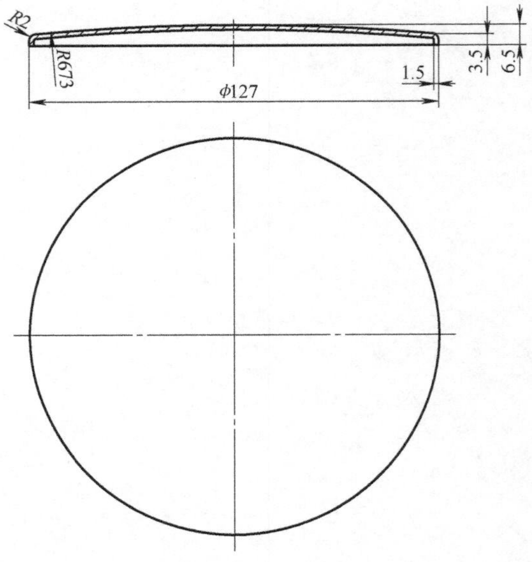

4.1.1 任务分析

根据零件的形状特征类型，有以下两种建模思路。

1. 建模思路一

零件形状简单，首先创建一个圆球，然后在圆球上创建圆柱，用相交特征成型后倒角、抽壳。建模思路如图 4-2 所示。

2. 建模思路二

用 UG NX 的旋转特征进行建模，其思路如图 4-3 所示。

3. 方案比较

思路一使用了五个特征完成零件建模，如果需要对零件进行编辑，则分别需要对每个特征进行编辑；思路二的建模方法简化了

图 4-1 风扇标识盖

建模过程，只用了一个特征即完成所有形状的结构，而且方法简便。

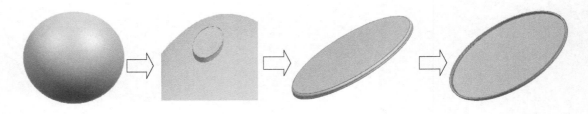

图 4-2 建模思路一

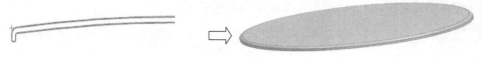

图 4-3 建模思路二

4.1.2 主要知识点

本任务中将学习以下建模命令的使用方法和一般步骤：

- ◆ 球
- ◆ 圆柱体
- ◆ 相交特征

- ◆ 边倒圆特征
- ◆ 抽壳特征
- ◆ 旋转特征

4.1.3 任务实施

1. 方法一

（1）创建球体　在功能区选择【主页】→【特征】→【更多】→【设计特征】→【● 球】命令，弹出【球】对话框→选择类型为【中心点和直径】→输入直径为【673＊2mm】→单击【确定】按钮，完成球体的创建，如图4-4所示。

图 4-4 创建球体

（2）创建圆柱体　在【设计特征】里选择【■ 圆柱体】命令，弹出【圆柱】对话框，（图4-5a）→选择类型为【轴、直径和高度】→指定矢量为 ZC ↑方向→单击【指定点】右侧的点构造器图标→在弹出的【点构造器】对话框中（图4-5b）输入 ZC 为 666.5，其他默认→单击【确定】按钮，返回【圆柱】对话框→输入直径为 63.5＊2mm，高度为 10mm→单击【确定】按钮，完成圆柱体的创建，如图4-5c所示。

（3）布尔交运算　功能区选择【主页】→单击【■ 合并】命令右侧的倒三角符号▼→选择【■ 相交】命令→选择图4-5中已创建的圆柱体为目标，选择图4-4中已创建的球体为工具→单击【确定】按钮，完成求交，如图4-6所示。

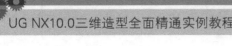

a)　　　　　　　　　　　b)　　　　　　　　　　　c)

图 4-5　创建圆柱体

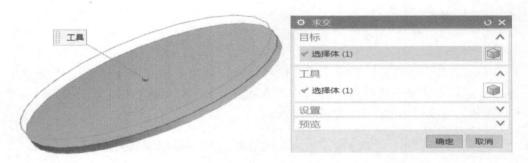

图 4-6　布尔求交

（4）创建圆角　功能区选择【主页】→【边倒圆】特征命令，弹出【边倒圆】对话框→选择图 4-7 所示边缘为要倒圆的边，输入倒圆半径为 2mm→单击【确定】按钮，完成圆角创建。

图 4-7　边倒圆

（5）创建抽壳特征　功能区选择【主页】→【抽壳】特征命令，弹出【抽壳】对话框→选择类型为【移除面，然后抽壳】→要穿透的面选择为圆柱底部面→输入厚度为 1.5mm→单击【确定】按钮，完成抽壳，如图 4-8 所示。

2. 方法二

（1）创建旋转草图　功能区选择【主页】→【草图】特征命令→选择 XZ 平面为草绘

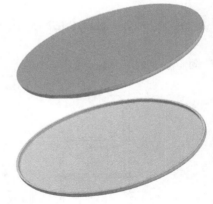

图 4-8 创建抽壳特征

平面→绘制图 4-9 所示的草图并完全约束。

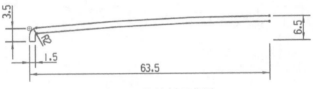

图 4-9 旋转剖面草图

（2）创建旋转特征 选择【旋转】特征命令，弹出【旋转】对话框→选择图 4-9 所示的草图曲线为截面→选择绘图区中 ZC 基准轴为指定矢量→输入开始角度为 0。结束角度为 360°→单击【确定】按钮，完成旋转特征的创建，如图 4-10 所示。

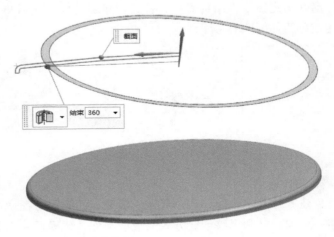

图 4-10 创建旋转特征

4.1.4 小结

在使用 UG NX 完成一个零件设计的过程中，可以使用多种建模方法。如果模型需要频繁修改，尽可能使用一个特征来代替一组特征。

4.2 任务引入——扇叶固定盖的建模

完成扇叶固定盖（图 4-11）建模。

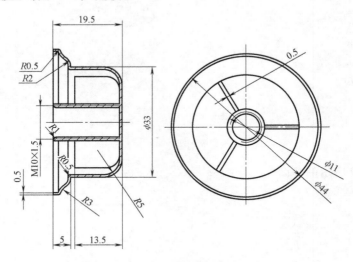

图 4-11　扇叶固定盖

4.2.1 任务分析

根据零件的形状分析相应的特征类型，有以下两种建模思路。

1. 建模思路一

扇叶固定盖零件结构简单，首先创建旋转体，然后再创建加强筋，最后创建螺纹特征，其建模思路如图 4-12 所示。

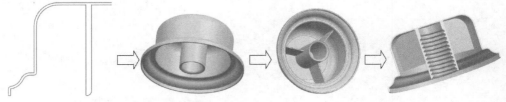

图 4-12　建模思路一

2. 建模思路二

创建零件基本外形，通过管道、圆角、抽壳等特征命令修剪完成外形轮廓建模，再通过思路一中加强筋和螺纹创建方式完成该零件。建模思路二如图 4-13 所示。

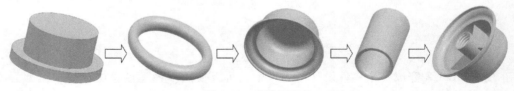

图 4-13　建模思路二

3. 方案比较

思路一相比思路二在建模步骤数上并无太多优势，而思路一中的草图结构比上一任务中的草图要复杂，草图绘制与尺寸约束和几何约束相对烦琐，而且线条、尺寸太多使草图空间显示比较凌乱，不利于图形的修正。

思路二对草图绘制要求相对降低，但要求操作者对零件形状的理解要相当透彻，而且要求对 UG NX 软件的特征命令相当熟悉才能完成零件的创建。

通过企业实践得知，草图曲线太多，草图特征太多，对设计者的计算机硬件要求相对较高。思路一和思路二各有优劣，作为设计者应根据实际情况合理选用。

4.2.2　主要知识点

本任务中将学习以下建模命令的使用方法和一般操作步骤：

拉伸　　　　　　　　　　　　螺纹

阵列特征　　　　　　　　　　管道

基准平面

4.2.3　任务实施

1. 方法一

（1）创建旋转体草图　选择【　草图】特征命令，弹出【创建草图】对话框→在工作区选择基准坐标系 XY 平面作为草绘平面，如图 4-14 所示，单击【确定】按钮，进入草图绘制界面。

完成图 4-15 所示草图的绘制。

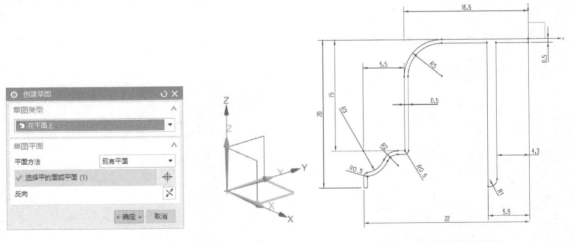

图 4-14　创建草图环境　　　　　　　　　　图 4-15　旋转剖面草图

（2）创建旋转特征　选择【　旋转】特征命令，弹出【旋转】对话框→选择图 4-15所示的草图曲线作为截面→选择基准坐标系的基准轴 Y 轴作为指定矢量→输入开始角度为 0°，结束角度为 360°→单击【确定】按钮，完成旋转特征的创建，如图 4-16 所示。

图 4-16　创建旋转特征

（3）绘制加强筋草图　进入草图环境，选择 XZ 平面作为草绘平面，绘制如图 4-17 所示的加强筋草图。

（4）拉伸加强筋　选择【 拉伸】特征命令，弹出【拉伸】对话框→选择图4-17 所示的草图曲线作为截面→指定矢量为−YC 轴→限制选项设置开始为【直至选定】，选择对象为图 4-16 所示的旋转体的内上表面，

图 4-17　加强筋草图

设置结束为【值】，输入距离为 13.5mm→布尔为【 求和】，选择体为图 4-16 所示的旋转体→偏置选择【对称】，输入结束距离为 0.25mm→单击【确定】按钮，完成加强筋的创建，如图 4-18 所示。

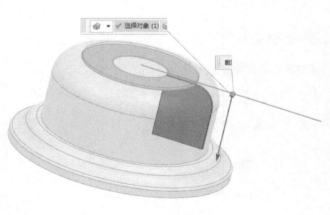

图 4-18　拉伸加强筋

（5）创建阵列特征　功能区选择【主页】→【特征】→【 阵列特征】命令，弹出【阵

列特征】对话框→选择图4-18创建的加强筋为要形成阵列的特征→布局为【圆形】→指定
矢量为YC轴，选择如图4-19所示的圆心点为指定点→角度方向输入数量为3，节距角为
120°→单击【确定】按钮，完成阵列特征。

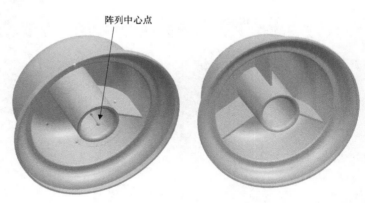

图4-19　创建阵列特征

（6）创建基准平面　功能区选择【主页】→【特征】→【□基准平面】命令，弹出【基准
平面】对话框→选择图4-20所示内孔端面为平面参考→偏置距离为4mm→单击【确定】按
钮，完成基准平面的创建。

图4-20　创建基准平面

（7）创建螺纹特征　功能区选择【主页】→【特征】→【更多】→【设计特征】→【▌螺纹特
征】命令，弹出【螺纹】对话框→螺纹类型选择【详细】→螺纹圆柱面选择为图4-21a所示
的内孔面→螺纹起始面选择为图4-21a所示的基准平面→螺纹轴方向如图4-21b所示，为Y
轴方向→单击【确定】按钮→输入螺纹参数，大径为10mm，长度为23.5mm，螺距为
1.5mm，角度为60°，旋向为右旋，如图4-21b所示，单击【确定】按钮，完成螺纹的创建。

2. 方法二

（1）创建拉伸体截面草图　选择【▥草图】特征命令→选择XY平面作为草绘平面→
进入草图环境→绘制图4-22所示的草图。

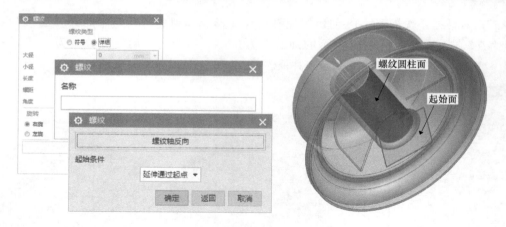

a) 螺纹圆柱面和起始面选择

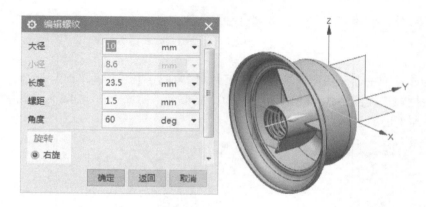

b) 螺纹参数设置

图 4-21　创建螺纹

（2）创建拉伸体　选择【拉伸】特征命令，弹出【拉伸】对话框→选择直径 $\phi44$mm 的圆作为拉伸截面→指定矢量为 ZC 轴→拉伸限制输入结束距离为 5mm→单击【确定】按钮，完成拉伸，如图 4-23 所示。

用同样的操作方法打开【拉伸】对话框，选择直径 $\phi33$mm 的圆作为拉伸曲线→指定矢量为 ZC 轴→拉伸限制输入结束距离为 20mm→布尔运算为【求和】，选择体为图 4-23 所示的拉伸体→单击【确定】按钮，完成拉伸，如图 4-24 所示。

注：利用此步骤创建拉伸体的过程中，选择拉伸截面线时，应在上边框条的【选择意图】中选择【单条曲线】方式。

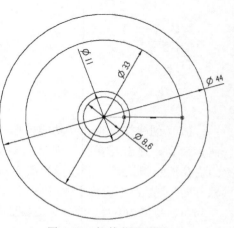

图 4-22　拉伸截面草图

（3）创建凹圆角　功能区选择【主页】→【特征】→【更多】→【扫掠】→【管道】特征

命令，打开【管道】对话框→路径选择为拉伸体1的上边缘→横截面输入外径为6mm，内径为0mm→布尔运算为【求差】，选择体为图4-24所示的拉伸体2→单击【确定】按钮，完成创建，如图4-25所示。

图4-23　创建拉伸体1

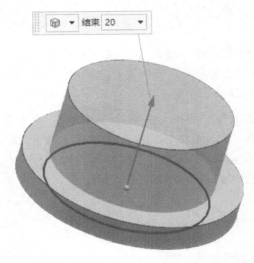

图4-24　创建拉伸体2

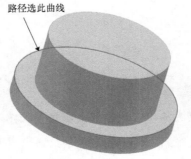

路径选此曲线

图4-25　创建凹圆角

（4）创建圆角 选择【边倒圆】特征命令，弹出【边倒圆】对话框→混合面连续性为【G1（相切）】→依次选择图4-26所示三条轮廓线，形状为【圆形】→分别输入半径1为5mm，半径2为2mm，半径3为0.5mm→单击【确定】按钮，完成圆角创建。

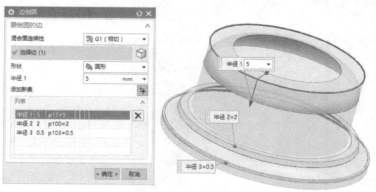

图4-26 创建圆角

注：选择边时应首先选择半径1的轮廓线，然后单击添加新集图标，依次添加半径2和半径3的轮廓线。

（5）创建壳体 选择【抽壳】特征命令，弹出【抽壳】对话框→类型为【移除面，然后抽壳】→选择底平面作为要穿透的面→输入厚度为0.5mm→单击【确定】按钮，完成抽壳，如图4-27所示。

（6）创建螺纹圆柱 选择【拉伸】特征命令，弹出【拉伸】对话框→选择图4-22所示直径为φ11mm和φ8.6mm的圆为截面曲线→指定矢量为ZC轴→输入结束距离为20mm→布尔运算为【求和】，选择体为图4-27所示抽壳的实体→单击【确定】按钮，完成螺纹圆柱的创建，如图4-28所示。

图4-27 创建壳体

图4-28 创建螺纹圆柱

完成图4-28中创建的螺纹圆柱内孔边缘的倒圆角，如图4-29所示。

（7）拉伸加强筋 选择【拉伸】特征命令，弹出【拉伸】对话框→截面选择为图4-22所示的草图曲线中唯一的直线→方向选择ZC轴方向为指定矢量→限制栏设置开始为

【值】，输入距离为 6.5mm，设置结束为【直至下一个】→设置布尔为【 求和】，选择体为图 4-29 中创建的旋转体→偏置设为【对称】，输入结束距离为 0.25mm→单击【确定】按钮，完成加强筋的创建，如图 4-30 所示。

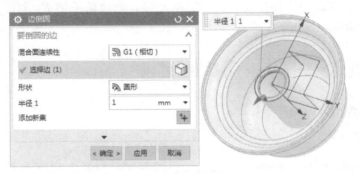

图 4-29　边倒圆

图 4-30　拉伸加强筋

加强筋的阵列特征和螺纹特征的创建方法与方法一中第 5~7 步的方法完全相同，在此不再陈述。

> 方法一和方法二中加强筋拉伸方法的区别：
> ① 拉伸截面曲线长短不同，方法一中只需确定曲线一端的几何尺寸，另一端可无限延长；而方法二中两端必须完全约束。
> ② 方法二中的截面曲线是最理想的曲线尺寸，所以设置拉伸距离时选择【直至下一个】就能完成；而方法一中由于截面曲线需要修剪，故只能选择【直至选定】或者【直至延伸部分】来完成。

4.2.4　小结

本任务依然是利用草图建模与不利用草图建模两种方法的对比，它们各有优劣。在本任务中还介绍了 UG NX 中的一些特征命令的使用方法，其注意事项如下：

　　1）拉伸特征命令中的选项众多，要根据不同的拉伸需求适当调整。例如思路二中第2步的拉伸就只需截面、方向和距离选项设置就能完成；而加强筋的拉伸还需要【偏置】设置，在拉伸距离上还选择了【直至下一个】、【直至选定】等设置才能完成。

　　2）本任务中的螺纹创建操作烦琐，但如果在螺纹创建前不倒 R1 的圆角，螺纹特征的创建步骤将简化 60%。

4.3　任务引入——风扇底板的建模

　　完成图 4-31 所示的风扇底板建模。

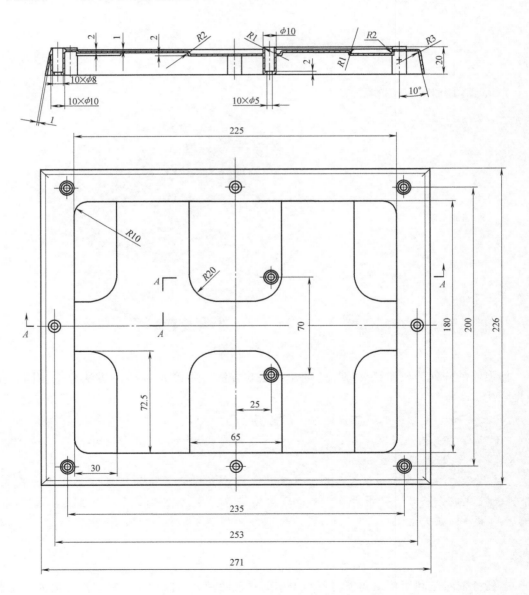

图 4-31　风扇底板

4.3.1 任务分析

根据零件的形状分析相应的特征类型，有以下两种建模思路。

1. 建模思路一

零件形状简单，考虑从体素特征开始。首先画零件形状草图，然后拉伸基本形状，再进行抽壳，最后通过【阵列特征】、【倒圆角】等特征命令完成，如图 4-32 所示。

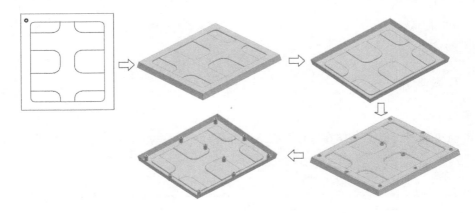

图 4-32 建模思路一

2. 建模思路二

首先画零件主体并进行抽壳，再转换为钣金，用【凹坑】命令做出凹槽，再拉伸出圆柱体特征，最后通过【镜像特征】命令、【阵列几何特征】命令、布尔运算、【倒圆角】完成，如图 4-33 所示。

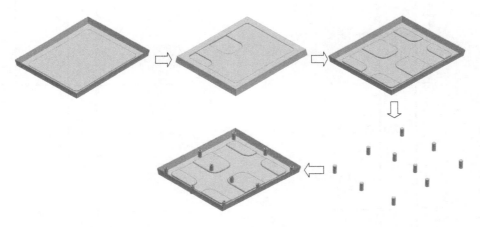

图 4-33 建模思路二

3. 方案比较

两种方案建模思路基本一致，只是使用的建模特征命令有区别，所以两种方案并无客观的优劣之分。

4.3.2 主要知识点

本任务中将学习以下建模命令的使用方法和一般步骤：

→ 拉伸 →转换为钣金

→ 阵列特征 →凹坑

→ 阵列几何特征 →孔

→ 镜像特征 →合并

→ 替换面

4.3.3 任务实施

1. 方法一

（1）创建草图　根据图样在 XY 平面绘制底座草图，并将几何尺寸约束完全，如图 4-34 所示。

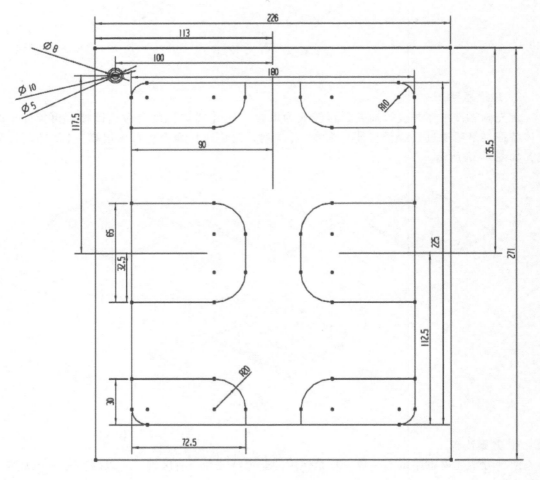

图 4-34　底座草图

（2）创建拉伸体

1）选择【▥拉伸】特征命令，弹出【拉伸】对话框→选择图 4-34 所示的外轮廓曲线为截面→方向栏选择 ZC 轴为指定矢量→限制栏设置开始为【值】，输入距离为 0mm，设置结束为【值】，输入距离为 18mm，拔模选择【从起始限制】，输入角度为 10°→单击【确定】按钮，完成外形的创建，如图 4-35 所示。

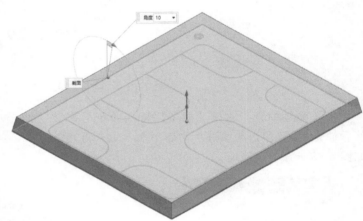

图 4-35　外形拉伸

2）拉伸第一层凹槽→选择图 4-34 所示的部分曲线，拉伸参数如图 4-36 所示。

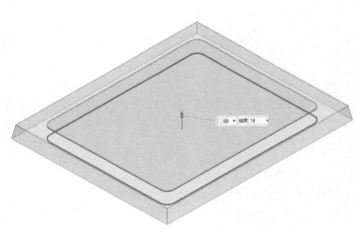

图 4-36　第一层凹槽

3）同时拉伸 6 处同深度凹槽→选择图 4-34 所示的部分曲线，拉伸参数如图 4-37所示。

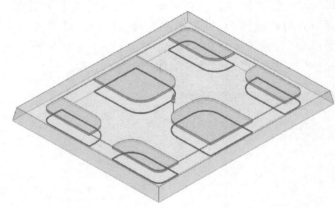

图 4-37　拉伸 6 处同深度凹槽

（3）创建抽壳　选择【抽壳】特征命令，弹出【抽壳】对话框→类型选择【移除面，然后抽壳】→要穿透的面选择为底平面→输入厚度为 1mm→单击【确定】按钮，完成抽壳，如图 4-38 所示。

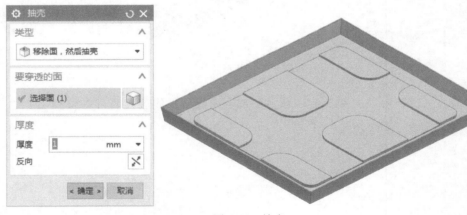

图 4-38　抽壳

（4）创建圆角　选择【　边倒圆】特征命令→选择边为图 4-39 所示轮廓线→输入半径分别为 2mm、2mm、1mm→单击【确定】按钮，完成圆角创建。

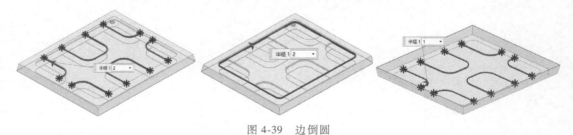

图 4-39　边倒圆

（5）创建柱孔

1）选择图4-34所示草图中直径 $\phi10$mm、$\phi5$mm 的圆为拉伸曲线→指定矢量为 ZC 轴→拉伸限制栏输入结束距离为20mm→布尔运算为【求和】，选择体为图4-38所示抽壳的实体→单击【确定】按钮，完成拉伸，如图4-40所示。

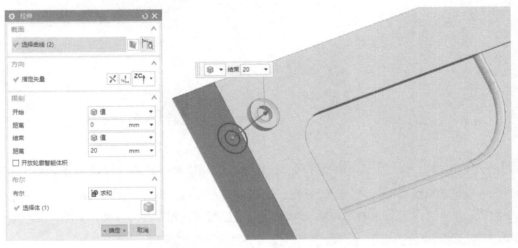

图4-40　创建柱位

2）选择图4-34所示草图中直径 $\phi8$mm 的圆为拉伸曲线→指定矢量为 ZC 轴→拉伸限制栏输入开始距离为2mm，结束距离为20mm→布尔运算为【求差】，选择体为图4-40所示抽壳的实体→单击【确定】按钮，完成创建，如图4-41所示。

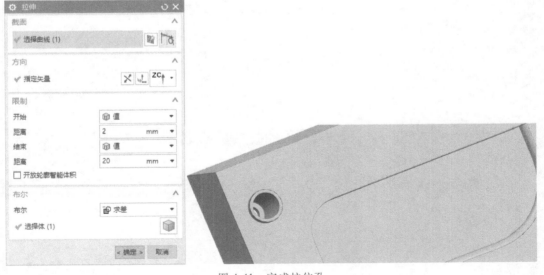

图4-41　完成柱位孔

（6）创建圆角　选择图4-40所示柱位孔外轮廓线，角输入半径为1mm，完成圆角创建，如图4-42所示。

（7）创建阵列特征　选择【　阵列特征】命令，弹出【阵列特征】对话框，如图4-43a所示→选择第（5）、（6）步创建的柱孔特征和圆角特征为要形成阵列的特征→布局为

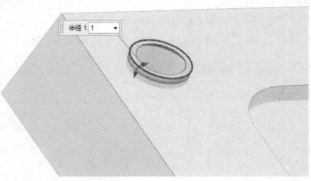

图 4-42　创建圆角特征

【线性】→方向 1 指定矢量为 -YC 轴→方向 2 指定矢量为 XC 轴→勾选【使用电子表格】，单击显示阵列的电子表格图标，打开 Excel 电子表格→输入阵列坐标，如图 4-43b 所示→保存并退出电子表格，返回【阵列特征】对话框→单击【确定】按钮，完成阵列特征，如图 4-43c 所示。

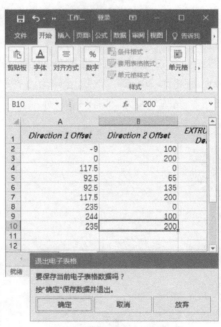
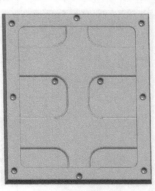

a)【阵列特征】对话框　　　　　　b) 电子表格中输入阵列坐标　　　　　c) 完成阵列特征

图 4-43　创建阵列特征

特征选择方式：在部件导航器中利用<Ctrl>键+鼠标左键选择特征，如

（8）替换面　功能区选择【主页】→【同步建模】→【替换面】命令，打开【替换面】对话框→选择图 4-44 所示圆角面为要替换的面→选择图中所指表面为替换面→单击【确定】按钮，删除凸出部分实体。

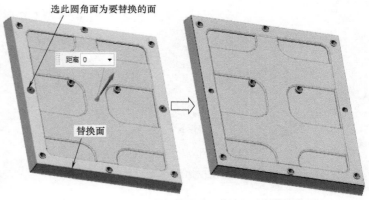

图 4-44　删除凸出部分实体

（9）外形边倒圆　半径为 3mm，边倒圆结果如图 4-45 所示。

2. 方法二

（1）创建草图　根据图样在 XY 平面绘制底座草图，并将几何尺寸约束完全，如图 4-46 所示。

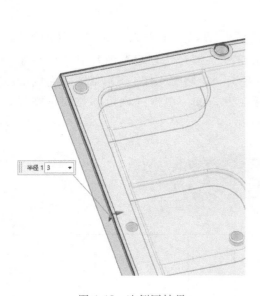

图 4-45　边倒圆结果

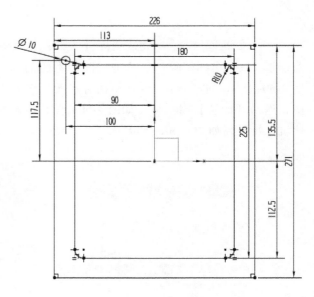

图 4-46　底座草图

（2）拉伸　利用方法一中步骤 2 的拉伸方法，完成拉伸体的创建，如图 4-47 所示。

（3）抽壳　利用方法一中步骤（3）的抽壳方法，完成抽壳特征创建，如图 4-48 所示。

（4）转换钣金　功能区选择【应用模块】→【设计】→【 钣金】命令→【主页】→【基本】→单击【 转换】下方的倒三角符号▼→选择【 转换为钣金】命令，弹出【转换为钣金】对话框→选择图 4-49 所示的方形槽底面为基本面→单击【确定】按钮，完成实体转换为钣金特征，如图 4-49 所示。

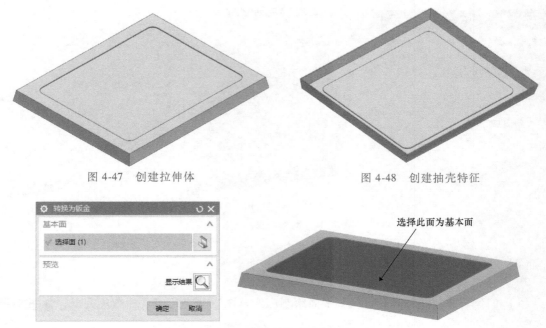

图 4-47　创建拉伸体　　　　　　　　　　图 4-48　创建抽壳特征

图 4-49　实体转换为钣金特征

（5）创建凹坑 1　功能区选择【主页】→【凸模】→【　凹坑】特征命令，弹出【凹坑】对话框，如图 4-50a 所示→单击截面栏右侧的草图按钮　，打开【创建草图】对话框，如图 4-50a 所示→选择图 4-49 所示的方形槽底面为草图平面→绘制图 4-50b 所示草图→完成草图，返回【凹坑】对话框，如图 4-50c 所示→输入深度为 2mm→单击【确定】按钮，完成凹坑 1 特征，如图 4-50c 所示。

a)【凹坑】对话框和【草图】对话框　　　　　　　b) 草图

图 4-50　创建凹坑 1

c) 返回【凹坑】对话框

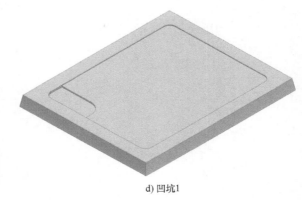

d) 凹坑1

图 4-50 创建凹坑 1（续）

（6）创建凹坑 2 用同上方法创建图 4-51 所示凹坑 2。

（7）创建镜像特征 1 回到建模环境，功能区选择【应用模块】→【设计】→【建模】命令→【主页】→【特征】→【更多】→【关联复制】→【镜像特征】命令，弹出【镜像特征】对话框→选择特征为凹坑 1→镜

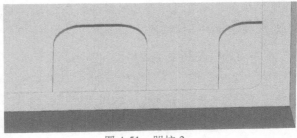

图 4-51 凹坑 2

像平面设置为【新平面】，并选择 XZ 平面→单击【确定】按钮，完成特征镜像，如图 4-52 所示。

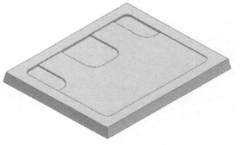

图 4-52 创建镜像特征 1

（8）创建镜像特征 2 用同上方法，选择 YZ 平面为镜像平面，完成所有凹坑的创建，如图 4-53 所示。

（9）创建柱位 选择【拉伸】特征命令，弹出【拉伸】对话框→选择图 4-46 所示草图曲线中 φ10mm 的圆为拉伸截面→方向栏选择 ZC 轴为指定矢量→限制栏设置结束为【值】，输入距离为 20mm→单击【确定】按钮，完成柱位的创建，如图 4-54 所示。

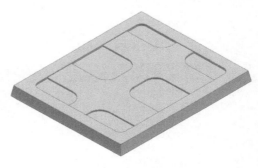

图 4-53 镜像特征 2

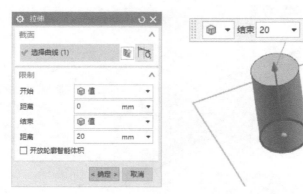

图 4-54　创建柱位

（10）创建阵列几何特征　选择【主页】→【特征】→【更多】→【关联复制】→【阵列几何特征】命令，弹出【阵列几何特征】对话框，如图 4-55a 所示→选择图 4-54 所示的柱位特征为要形成阵列的几何特征→布局为【线性】→方向 1 指定矢量为-YC 轴→方向 2 的指定矢量为XC 轴→勾选【使用电子表格】，单击显示阵列的电子表格按钮后进入 Excel 电子表格→如图 4-55b 所示，输入阵列坐标→保存并退出电子表格，如图 4-55c 所示，返回【阵列几何特征】对话框→单击【确定】按钮，完成阵列几何特征的创建，如图 4-55d 所示。

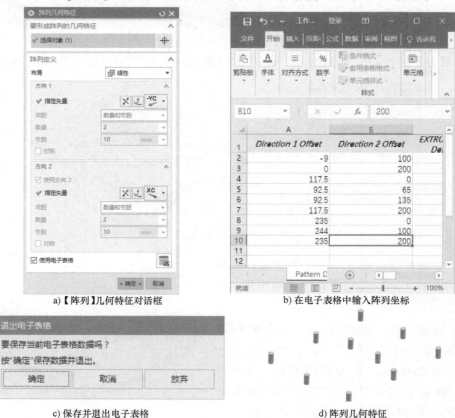

a)【阵列】几何特征对话框

b) 在电子表格中输入阵列坐标

c) 保存并退出电子表格

d) 阵列几何特征

图 4-55　创建阵列几何特征

扫一扫，学习【阵列特征】命令和【阵列几何特征】命令的不同之处。

（11）布尔运算求和　功能区选择【主页】→【 合并】命令，弹出【合并】对话框→目标栏选择图 4-53 所示的实体为选择体→工具栏选择图 4-55d 所示的阵列几何特征为选择体→单击【确定】按钮，完成合并如图 4-56 所示。

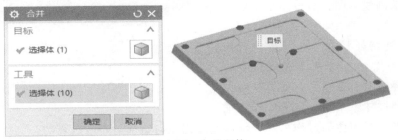

图 4-56　合并实体

（12）创建孔特征　功能区选择【主页】→【特征】→【 孔】特征命令，弹出【孔】对话框→布尔运算为【求差】，选择图 4-56 创建的合并实体为选择体→单击【确定】按钮，完成孔的创建如图 4-57 所示。

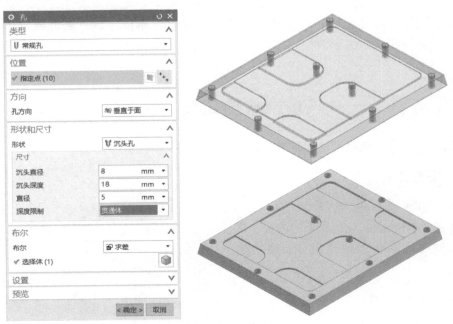

图 4-57　创建孔

（13）替换面　同方法一第（8）步，完成后如图 4-58 所示。

（14）实体整体倒圆角　圆角半径分别为 3mm、2mm、1mm，具体圆角部位参见方法一中步骤（4）、（6）、（9）。

4.3.4　小结

经过对比，本任务中的两种建模方案并没有优劣区别，在此分别对两种方案及特征命令使用分析如下：

1）方案一采用整体草图方式，虽然在草图绘制时需要很多时间，但后期可以通过简单的特征命令完成实体模型。

2）方案二采用组合建模方式，根据特征命令需求创建草图，对草图绘制要求相对降低。

3）【阵列特征】命令与【阵列几何特征】命令的操作方法基本相同，主要的区别是选择对象有所差别，前者是对单个特征，如圆柱体、垫块、孔等这类特征

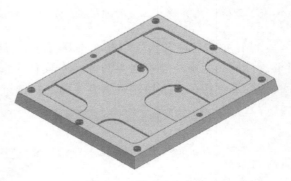

图 4-58　删除凸出实体

的操作，后者是对实体的操作。阵列特征是阵列几何特征与布尔运算的合集，但有时候阵列几何特征能做到的，阵列特征却不一定能够完成。

4）介绍钣金建模时，除了介绍其特征功能外，也说明如果在建模过程发现前期建模思路有误，可以使用一些所学到的特征命令来解决。这也是 UG NX 软件所提出的同步建模理念，替换面所在的同步建模工具条便是为这一理念所开发的。

5）通过前面三个任务的介绍，可以知道任何零件的建模思路并非唯一，如本任务所使用的钣金建模中的【凹坑】特征命令，使用它可实现快捷建模，读者也可多了解一类建模命令组合。在以后的章节中，列举建模思路都是为了对比类似特征命令或者类似建模方法。

4.4　任务引入——风扇网格的建模

完成图 4-59 所示风扇网格的建模。

4.4.1　任务分析

首先画出建模曲线，绘制中心支架；然后创建单个网格，并阵列出完整网格；最后完成网格骨架建模，如图 4-60所示。

4.4.2　主要知识点

本任务中将学习以下建模命令的使用方法和一般步骤：

➧▢基准平面

➧⬡沿引导线扫掠

➧⬧扫掠

➧⬢移动对象

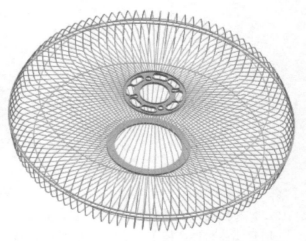

图 4-59　风扇网格

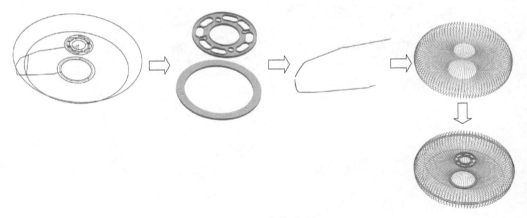

图 4-60　建模思路

4.4.3　任务实施

1. 创建前网格支架

（1）绘制前网格支架草图　根据图样在 XZ 平面绘制前网格支架草图，并将几何尺寸约束完全，如图 4-61 所示。

（2）拉伸　选择【拉伸】特征命令，弹出【拉伸】对话框→选择图 4-61 所示草图为拉伸截面→方向栏选择 YC 轴方向为指定矢量→限制栏设置开始为【值】，输入距离为 0mm，设置结束为【值】，输入距离为 2.5mm→单击【确定】按钮，完成拉伸，如图 4-62 所示。

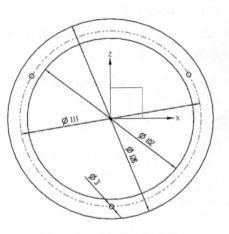

图 4-61　前网格支架草图

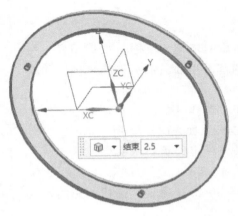

图 4-62　前网格支架拉伸

（3）抽壳　选择【抽壳】特征命令，弹出【抽壳】对话框→类型选择【移除面，然后抽壳】→要穿透的面为与 XZ 平面相同位置的实体平面和小孔内表面→输入厚度为 1mm→单击【确定】按钮，完成前网格支架抽壳，如图 4-63 所示。

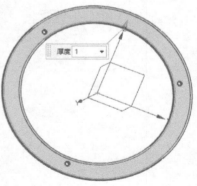

图 4-63　前网格支架抽壳

2. 创建后网格支架

（1）创建基准平面　选择【基准平面】命令，弹出【基准平面】对话框→类型为【[□]
按某一距离】→平面参考选择 XZ 平面→偏置距离输入为 117mm→单击【确定】按钮，完成
基准平面的创建，如图 4-64 所示。

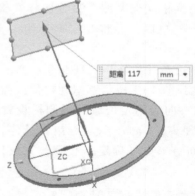

图 4-64　创建基准平面

（2）绘制后网格支架草图　根据图样，在
图 4-64 所示的基准平面绘制后网格草图，并将
几何尺寸约束完全，如图 4-65 所示。

（3）拉伸　选择【拉伸】特征命令，弹出
【拉伸】对话框→截面为图 4-65 所示草图→方向
栏选择-YC 轴为指定矢量→限制栏设置开始为
【值】，输入距离为 0mm，设置结束为【值】，输
入距离为 3mm→单击【确定】按钮，完成后网
格支架拉伸，如图 4-66 所示。

（4）抽壳　选择【抽壳】特征命令，弹出
【抽壳】对话框→类型选择【移除面，然后抽
壳】→要穿透的面为与图 4-64 所示的基准平面相
同位置的平面→输入厚度为 1mm→单击【确定】

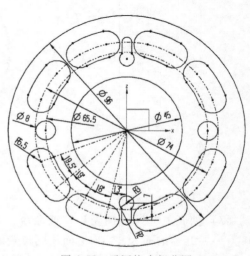

图 4-65　后网格支架草图

按钮，完成后网格支架抽壳，如图 4-67 所示。

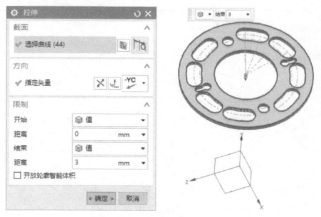

图 4-66　后网格支架拉伸

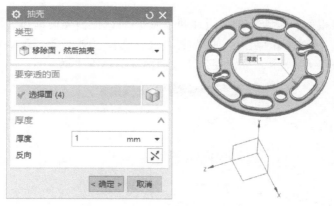

图 4-67　后网格支架抽壳

3. 创建网格

在网格创建的基础上进行特征命令的对比，从而了解沿引导线扫掠特征和扫掠特征的区别。利用两特征命令创建网格的具体方法说明如下：

（1）方法一——沿引导线扫掠方式创建网格

1）根据图样在 YZ 平面绘制网格引导曲线草图，并将几何尺寸约束完全，如图 4-68 所示。

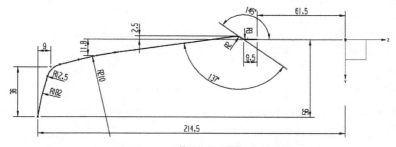

a) 前网格引导曲线

图 4-68　网格引导曲线草图

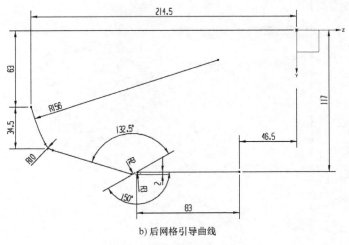

b）后网格引导曲线

图 4-68　网格引导曲线草图（续）

2）选择【基准平面】命令，弹出【基准平面】对话框→类型选择【曲线上】→曲线选择图 4-68 创建的引导曲线的端点→曲线上的位置选择【弧长】，输入距离为 0mm→单击【确定】按钮，如图 4-69 所示，分别创建两截面曲线的基准平面。

图 4-69　网格截面基准平面

3）根据图样，在图 4-69 所示的基准平面上分别绘制网格截面曲线草图，即分别以两引导线端点为圆心，绘制 ϕ1mm 的圆，并将几何尺寸约束完全，如图 4-70 所示。

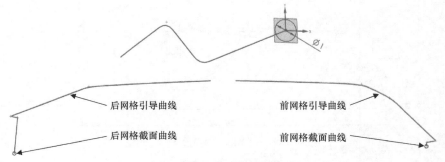

图 4-70　网格截面曲线

4）功能区选择【曲面】→【更多】→【扫掠】→【沿引导线扫掠】命令，弹出【沿引导线扫掠】对话框→截面选择图4-70所示后网格截面曲线→引导线选择图4-68b所示后网格引导曲线→单击【确定】按钮，完成单个后网格实体的创建，如图4-71所示；重复命令，完成前网格实体的创建。

图4-71 单个网格实体

5）选择【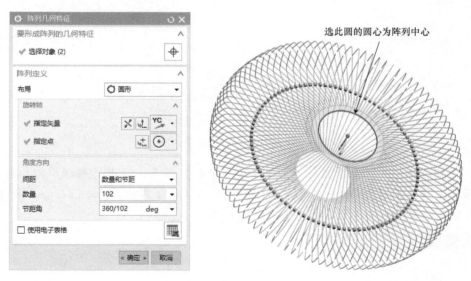阵列几何特征】命令，弹出【阵列几何特征】对话框→选择上一步创建的单个网格实体作为要形成阵列的几何特征→布局为【圆形】→旋转轴栏中指定矢量为YC轴→指定点选择⊕，并选取整圆（蓝色）中心→数量输入102，节距角输入（360/102）°→单击【确定】按钮，完成阵列几何特征，如图4-72所示。

图4-72 阵列网格实体

（2）方法二——扫掠方式创建网格

1）前3个步骤与方法一的第1）~3）步完全相同。

2）功能区选择【曲面】→【扫掠】→【扫掠】命令，弹出【扫掠】对话框→截面选择图4-70所示后网格截面曲线→引导线选择图4-68所示后网格引导曲线→单击【确定】按钮，完成单个后网格实体的创建，如图4-73所示。重复【扫掠】命令完成前网格实体的创建。

图 4-73　单个网格实体

3）阵列几何体与方法一第 5）步完全相同，如图 4-72 所示。

4. 创建网格骨架

（1）创建网格骨架基准平面 1　选择【基准平面】命令，弹出【基准平面】对话框→类型选择【点和方向】→通过点选择图 4-68 创建的前网格引导曲线另一端点→法向指定矢量为 YC 轴→单击【确定】按钮，完成网格骨架基准平面 1 的创建，如图 4-74 所示。

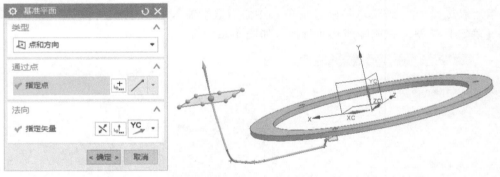

图 4-74　创建网格骨架基准平面 1

（2）创建网格骨架基准平面 2　选择【基准平面】命令，弹出【基准平面】对话框→类型选择【按某一距离】→平面参考选择 XZ 平面→偏置距离输入 11.8mm→单击【确定】按钮，完成网格骨架基准平面 2 的创建，如图 4-75 所示。

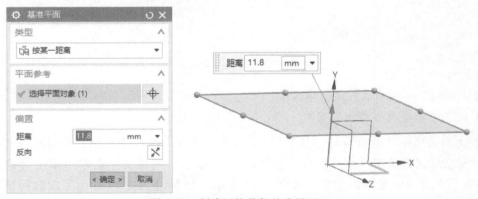

图 4-75　创建网格骨架基准平面 2

（3）创建网格骨架引导线 1　功能区选择【曲线】→【圆弧/圆】命令，弹出【圆弧/圆】对话框→类型选择【从中心开始的圆弧/圆】→中心点选择，打开【点】对话框，如图 4-76 所示，输入 Y 坐标为 56，单击【确定】按钮，关闭对话框，返回【圆弧/圆】对话框→通过点选择【直径】→大小栏输入直径为 429mm→支持平面选择【选择平面】→指定平面栏选择图 4-74 所示网格骨架基准平面 1→限制栏勾选【整圆】→单击【确定】按钮，完成网格骨架引导线 1 的创建。

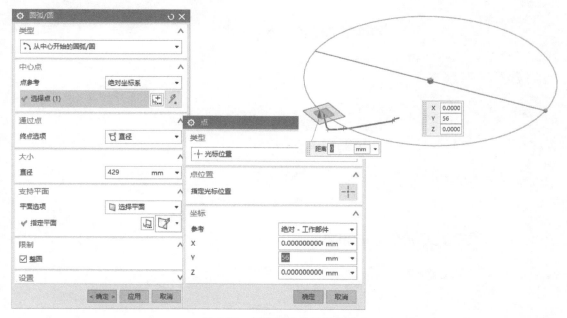

图 4-76　创建网格骨架引导线 1

（4）创建网格骨架引导线 2　重复【圆弧/圆】命令，弹出【圆弧/圆】对话框→类型选择【从中心开始的圆弧/圆】→中心点选择，打开【点】对话框，输入 X 坐标为 0，Y 坐标为 11.8，Z 坐标为 0 单击【确定】，关闭该对话框，返回【圆弧/圆】对话框→通过点选择，打开【点】对话框，如图 4-77 所示，类型选择【交点】，曲线、曲面或平面选择图 4-75 所示网格骨架基准平面 2，要相交的曲线选择图 4-68 所示的前网格引导曲线，单击【确定】按钮，关闭该对话框，返回【圆弧/圆】对话框→支持平面选择【选择平面】→指定平面选择图 4-75 网格骨架基准平面 2→限制栏勾选【整圆】→【确定】完成网格骨架引导线 2 的创建。

（5）创建网格骨架 1　选择【管道】特征命令，弹出【管道】对话框→路径选择图 4-76 所示网格骨架引导线 1→横截面输入外径为 2mm，内径为 0mm→单击【确定】按钮，完成网格骨架 1 的创建，如图 4-78 所示。

（6）创建网格骨架 2　重复【管道】特征命令，弹出【管道】对话框→路径选择图 4-77 所示网格骨架引导线 2→横截面输入外径为 1mm，内径为 0mm→单击【确定】按钮，完成网格骨架 2 创建，如图 4-79 所示。

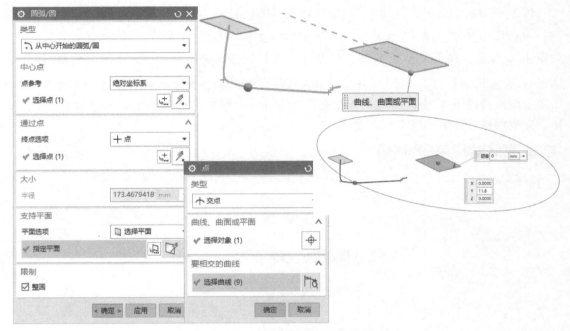

图 4-77　创建网格骨架引导线 2

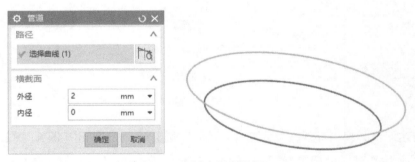

图 4-78　创建网格骨架 1

图 4-79　创建网格骨架 2

（7）特征复制　本步骤是将已创建好的骨架复制至后网格中，前面我们介绍了【阵列特征】、【阵列几何特征】、【镜像特征】等特征复制命令，本步骤首先选用【阵列几何特征】

命令复制图 4-78 所示的网格骨架 1，然后利用【移动对象】命令复制图 4-79 所示的网格骨架 2。

1）选择【阵列几何特征】命令，弹出【阵列几何特征】对话框→选择图 4-78 所示的网格骨架 1 为要形成阵列的几何特征→布局为【线性】→指定矢量为 YC 轴→数量输入为 2→节距输入为 7mm→单击【确定】按钮，完成阵列几何特征，如图 4-80 所示。

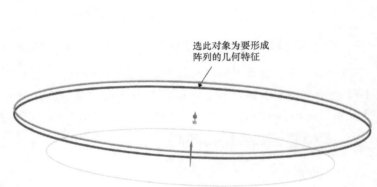

图 4-80　阵列实体

2）创建移动对象的终点。

方法一：利用图 4-77 中的选择交点方式创建下一步所需的位置点，所以需要创建一个基准平面。选择【基准平面】命令，弹出【基准平面】对话框→类型选择【点和方向】→通过点选择交点方式，选择图 4-81 所示两条曲线的交点→法向指定矢量为 ZC 轴→单击【确定】按钮，完成基准平面的创建。

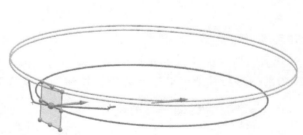

图 4-81　创建基准平面

方法二：功能区选择【曲线】→【／直线】命令，弹出【直线】对话框→起点选择，打开【点】对话框，类型选择【交点】，选择图 4-82 所示两条曲线交点，单击【确定】按钮，关闭该对话框返回【直线】对话框→终点或方向选择【YC 沿 YC】→单击【确定】按钮，完成直线的创建。

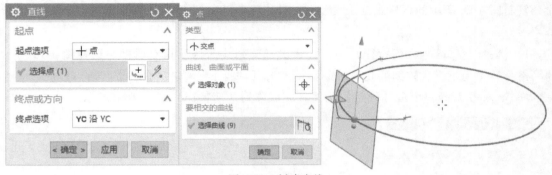

图 4-82　创建直线

3）功能区选择【菜单】→【编辑】→【□移动对象】特征命令，弹出【移动对象】对话框→对象选择图 4-79 所示的网格骨架 2→运动选择【✎点到点】→指定出发点为端点，选择图 4-82 所示直线的下端点→指定目标点为交点，选择直线与前网格引导线的交点→结果点选【复制原先的】→单击【确定】按钮，完成实体的移动，如图 4-83 所示。

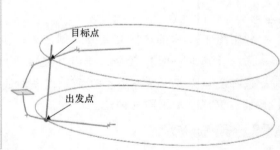

图 4-83　移动实体

5. 合并实体

（1）合并前网格　选择【合并】命令，弹出【合并】对话框→目标选择体为前支架→工具选择体为前网格与骨架→单击【确定】按钮，完成前网格的合并，如图 4-84 所示。

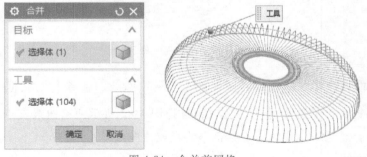

图 4-84　合并前网格

（2）合并后网格　用相同方法合并完成后网格实体，如图4-85所示。

4.4.4　小结

本任务中利用实例进行部分特征操作的对比，对部分特征采用不同的建模思路，具体总结如下：

1）【扫掠】、【沿引导线扫掠】和【管道】特征命令在本节中的对比。事实上，【管道】特征命令才是本节中最为适合的特征命令。扫掠是所有创建特征的合集，也是基体，如【沿引导线扫掠】、【管道】、【拉伸】、【旋转】等特征命令都是扫掠的特殊实例。

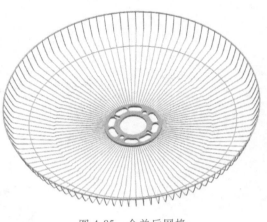

图4-85　合并后网格

2）基准平面的创建方式众多，如本任务中所介绍的【按某一距离】、【点和方向】和【曲线上】，而自动判断可以创建所有方式，但需注意选择的方式方法。

3）点的创建与点的选择方式可以灵活选用，可根据绘图的情况而定。本任务中介绍的交点选择是点选择中比较难的一种。

4）曲线的绘制方式也不是单一的只有草图方式，为满足一些简单草图的快捷绘制，可适当选用空间绘制曲线方式。

4.5　任务引入——螺旋推进器的建模

完成图4-86所示螺旋推进器的建模。

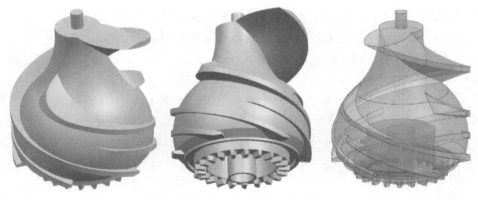

图4-86　螺旋推进器

4.5.1　任务分析

首先利用草图与螺旋线命令画出建模曲线，通过扫掠特征命令创建螺旋槽实体；然后创建螺旋推进器主体回转体；最后完成螺旋推进器环形齿条建模，如图4-87所示。

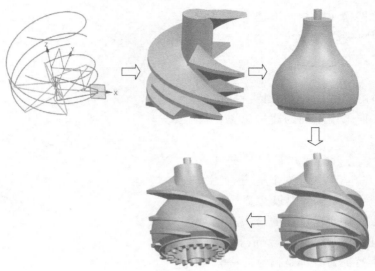

图 4-87　建模思路

4.5.2　主要知识点

本任务中将学习以下建模命令的使用方法：

- ◈　□基准平面
- ◈　⊜螺旋线
- ◈　➕求和

- ◈　◈补片
- ◈　◈修剪体
- ◈　◈删除面

4.5.3　任务实施

1. 方法一

（1）创建螺旋线1　功能区选择【曲线】→曲线→【⊜螺旋线】特征命令，弹出【螺旋线】对话框→类型选择【沿矢量】→大小选项输入直径为78mm→螺距选项值为80mm→长度选项中方法设为【限制】输入终止限制为100mm→单击【确定】按钮，完成螺旋线1的创建，如图4-88所示。

（2）创建扫掠截面基准平面　选择【基准平面】特征命令，弹出【基准平面】对话框→类型选择【曲线上】→曲线选择图4-88所示的螺旋线1→曲线上的位置选择【弧长百分比】方式，输入百分比为0%→单击【确定】按钮，完成扫掠截面基准平面的创建，如图4-89所示。

（3）绘制扫掠截面草图1　在基准平面上绘制扫掠截面草图1，如图4-90所示。

（4）创建圆柱体　选择【圆柱】特征命令，弹出【圆柱】对话框→类型选择【轴、直径和高度】→指定矢量选择ZC轴，指定点选择坐标原点→尺寸栏输入直径为25mm，高度为80mm→单击【确定】按钮，完成圆柱的创建，如图4-91所示。

（5）创建螺旋体1　选择【扫掠】特征命令，弹出【扫掠】对话框→截面曲线选择图4-90所示的草图1→引导线选择图4-88所示的螺旋线1→截面选项勾选【保留形状】→对齐方向选择【面的法向】，选择图4-92所示圆柱表面为定位面→单击【确定】按钮，完成螺旋体1的创建。

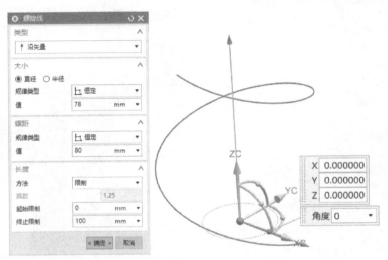

图 4-88　创建螺旋线 1

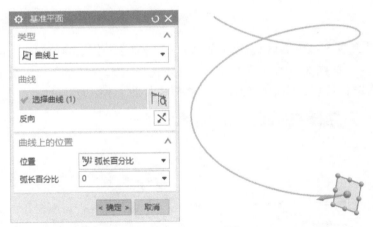

图 4-89　扫掠截面基准平面

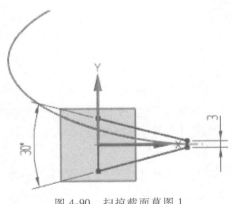

图 4-90　扫掠截面草图 1

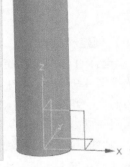

图 4-91　创建圆柱体

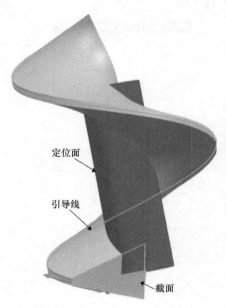

图 4-92　创建螺旋体 1

（6）修剪螺旋体 1　功能区选择【主页】→【特征】→【 ⬚ 修剪体】特征命令，弹出
【修剪体】对话框→目标选择螺旋体 1→工具选项选择【新建平面】→指定平面选择圆柱上
端面→单击【确定】按钮，完成螺旋体 1 的修剪，如图 4-93 所示。

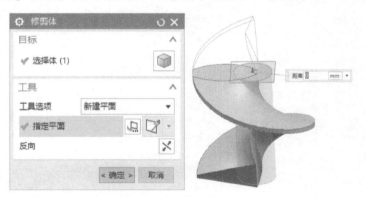

图 4-93　修剪螺旋体 1

（7）创建螺旋体 2

1）选择【阵列几何特征】特征命令，弹出【阵列几何特征】对话框→要形成阵列几何
特征选择图 4-90 所示草图，即截面线 1→布局为【圆形】→指定矢量选择 ZC 轴，指定点选
择坐标原点→角度方向中输入 数量为 6，节距角为 60°→单击【确定】按钮，完成其余扫掠
截面线的阵列，如图 4-94 所示。

2）功能区选择【曲线】→曲线→【 🍩 螺旋线】特征命令，弹出【螺旋线】对话框→类
型选择【沿矢量】→方向选项输入角度为 60°→大小选项输入直径为 78mm→螺距选项输入值
为 80mm→长度选项中方法设为【限制】，输入终止限制为 22mm→单击【确定】按钮，完

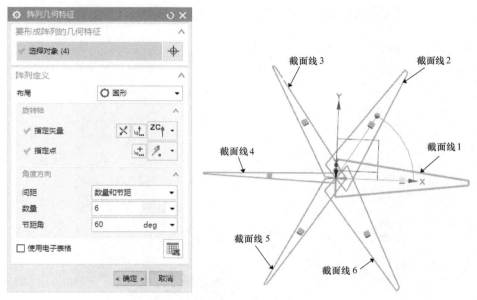

图 4-94　扫掠截面线的阵列

成螺旋线 2 的创建，如图 4-95 所示。

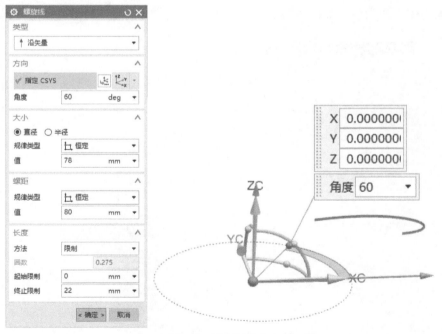

图 4-95　创建螺旋线 2

3）利用步骤（5）的扫掠方法，选择图 4-94 所示截面线 2，完成螺旋体 2 的创建，如图 4-96 所示。

4）创建螺旋体 3。在【螺旋线】对话框中，方向选项中输入角度为 120°，长度选项中方法设为【限制】输入终止限制为 50mm。重复【扫掠】特征命令，选择图 4-94 中截面线

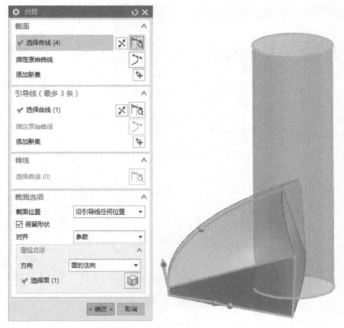

图 4-96　创建螺旋体 2

3，完成螺旋体 3 的创建，如图 4-97 所示。

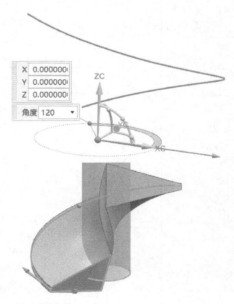

图 4-97　创建螺旋体 3

5）创建螺旋体 4。在【螺旋线】特征对话框中，方向选项中输入角度为 180°，长度选项中输入终止限制为 22mm。重复【扫掠】特征命令，选择图 4-94 中截面线 4，扫掠完成螺旋体 4 的创建，如图 4-98 所示。

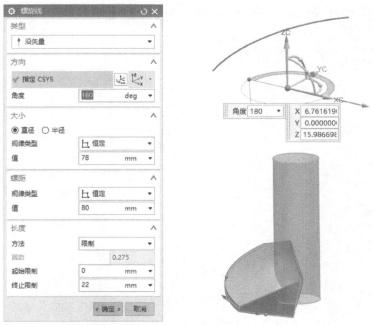

图 4-98　创建螺旋体 4

6）创建螺旋体 5。在【螺旋线】对话框中，方向选项输入角度为 240°，长度选项中方法设为【限制】，输入终止限制为 44mm。选择图 4-94 中截面线 5，重复扫掠特征命令，完成螺旋体 5 的创建，如图 4-99 所示。

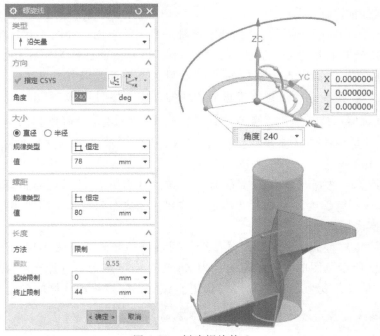

图 4-99　创建螺旋体 5

7）创建螺旋体 6。在【螺旋线】特征对话框中，方向选项输入角度为 300°，长度选项输入终止限制为22mm。执行扫掠特征命令时，选择图4-94中截面线6，完成螺旋体6的创建，如图4-100所示。

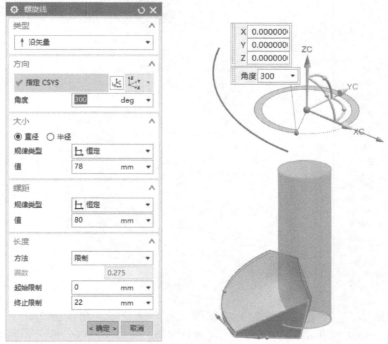

图 4-100　创建螺旋体6

（8）创建螺旋推进器主体

1）选择YZ平面作为草绘平面，创建螺旋推进器主体草图，如图4-101所示。

2）选择【旋转】特征命令，弹出【旋转】对话框→截面选择为图4-101所示的草图曲线→指定矢量为ZC轴，指定点为坐标原点→限制选项中输入开始角度为0°，结束角度为360°→单击【确定】按钮，完成螺旋推进器主体的创建，如图4-102所示。

（9）修剪螺旋体　选择【　修剪体】特征命令，弹出【修剪体】对话框→目标选择所有螺旋体→工具选项设为【面或平面】，选择XY平面→单击【确定】按钮，完成螺旋体的修剪，如图4-103所示。

（10）布尔运算　选择【求和】特征命令，弹出【合并】对话框→目标选择螺旋推进器主体→工具选择所有螺旋体→单击【确定】按钮，完成布尔运算，如图4-104所示。

（11）螺旋推进器修剪1

1）选择【旋转】特征命令，弹出【旋转】对话框→截面选择图4-101所示的部分草图曲线，即图4-105所示草图曲线→指定矢量为ZC轴，指定点为坐标原点→限制选项中输入开始角度为0°，结束角度为360°→单击【确定】按钮，完成修剪片体的创建。

　　注：截面选择时需在选择意图工具条中选取【单条曲线】。

2）功能区选择【主页】→【特征】→【更多】→【组合】→【　补片】特征命令，弹出【补片】对话框→目标选择图4-104所示求和实体→工具选择图4-105所示修剪片体→工具方向面选择图 4-106 所示的修剪片体的上表面，方向向下→单击【确定】按钮，完成补片。

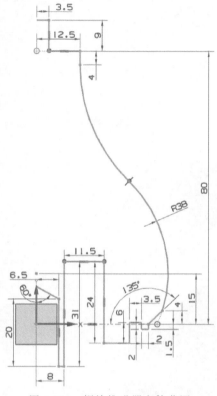

图 4-101 螺旋推进器主体草图

图 4-102 创建螺旋推进器主体

图 4-103 修剪螺旋体

图 4-104 布尔运算

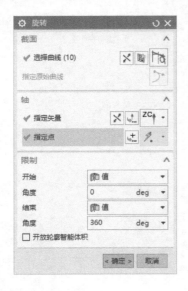

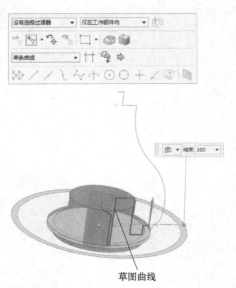

图 4-105　创建修剪片体

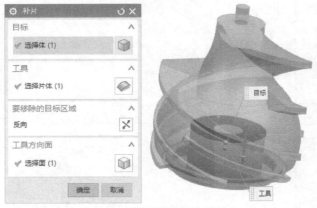

图 4-106　创建螺旋推进器补片

3）功能区选择【主页】→【同步建模】→【✖删除面】特征命令，弹出【删除面】对话框→类型选择【◯面】→面选择图 4-107 所示小平面→单击【确定】按钮，完成烂面删除。

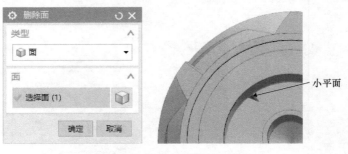

图 4-107　螺旋推进器烂面删除

（12）创建圆角　选择【边倒圆】特征命令，弹出【边倒圆】对话框→选择图 4-108 所示 5 条轮廓边为要倒圆的边→输入半径 1 为 19mm→单击【确定】按钮，完成圆角创建。

图 4-108　创建圆角

（13）螺旋推进器修剪 2

1）选择【基准平面】特征命令，弹出【基准平面】对话框→类型选择【　成一角度】→平面参考选择 YZ 平面→通过轴选择 ZC 轴→角度输入 -30°→单击【确定】按钮，完成基准平面 1 的创建，如图 4-109 所示。

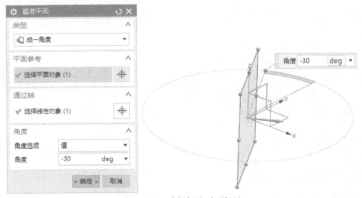

图 4-109　创建基准平面 1

2）重复上一步骤，在弹出的【基准平面】对话框中改变角度值，输入 30°→单击【确定】按钮，完成基准平面 2 的创建，如图 4-110 所示。

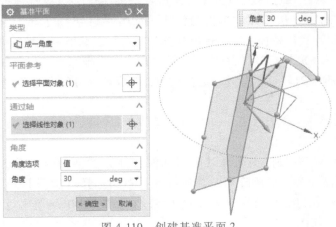

图 4-110　创建基准平面 2

3）选择【替换面】特征命令，弹出【替换面】对话框→要替换的面选择螺旋体2和螺旋体5的下端面，如图4-111所示→替换面选择基准平面1→单击【确定】按钮，完成替换。

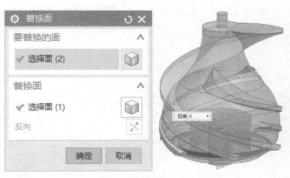

4）重复【替换面】特征命令，弹出【替换面】对话框→要替换的面选择螺旋体3和螺旋体6的下端面，如图4-112所示→替换面选择基准平面2→单击【确定】按钮，完成替换。

图4-111　替换螺旋体2和螺旋体5

5）重复【替换面】特征命令，弹出【替换器】对话框→要替换的面选择螺旋体1和螺旋体4的下端面，如图4-113所示→替换面选择XZ平面→单击【确定】按钮，完成替换。

图4-112　替换螺旋体3和螺旋体6　　　　　　　图4-113　替换螺旋体1和螺旋体4

（14）创建螺旋推进器环形齿条

1）选择【拉伸】特征命令，弹出【拉伸】对话框，如图4-114a所示→截面选项单击【绘制截面】按钮选择图4-114b所示螺旋推进器主体底部平面为草绘平面，绘制图4-114c所示草图→完成草图返回【拉伸】对话框→指定矢量为-ZC轴→限制选项输入结束距离为3mm→布尔选项选择求和实体为螺旋推进器主体→拔模选项选择【从截面】，角度为10°→单击【确定】按钮完成单齿的创建，如图4-114d所示。

2）选择【阵列特征】特征命令，弹出【阵列特征】对话框→选择单齿特征为要形成阵列的特征→布局选择【圆形】→指定矢量为-ZC轴，指定点为坐标原点→角度方向选项输入数量为21，节距角为（360/21）°→单击【确定】按钮，完成环形齿条的创建，如图4-115所示。

2. 方法二

（1）创建螺旋体1　利用方法一中（1）~（5）步的创建方法完成螺旋体1的创建，如图4-116所示。

（2）创建螺旋体阵列特征　选择【阵列几何特征】特征命令，弹出【阵列几何特征】对话框→选择螺旋体1为要形成阵列的几何特征→布局选择【圆形】→指定矢量为ZC轴，指定点为坐标原点→角度方向选项输入数量为6，节距角为60°→单击【确定】按钮，完成所有螺旋体的阵列，如图4-117所示。

a)【拉伸】对话框

b) 选择草绘平面

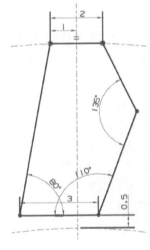

c) 绘制单齿草图

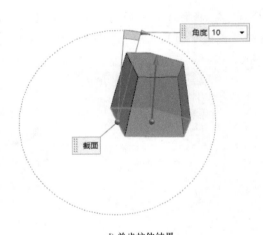

d) 单齿拉伸结果

图 4-114 创建单齿

图 4-115 创建环形齿条

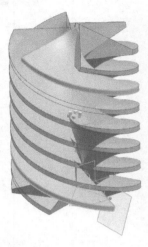

图 4-116　螺旋体 1　　　　　　　　　　　图 4-117　螺旋体的阵列

（3）修剪螺旋体

1）选择【　　修剪体】特征命令，弹出【修剪体】对话框→目标选择所有螺旋体→工具选项选择【面或平面】，然后选择 XY 平面→单击【确定】按钮，完成螺旋体的修剪，如图 4-118 所示。

图 4-118　修剪螺旋体

2）重复【　　修剪体】特征命令，弹出【修剪体】对话框→目标选择螺旋体 1→工具选项选择【新建平面】→指定平面选择【　　按某一距离】方式→单击 XY 平面，输入距离为26mm→单击【确定】按钮，完成螺旋体 1 的第一次修剪，如图 4-119 所示。

图 4-119　螺旋体 1 的第一次修剪

3）重复【■修剪体】特征命令，弹出【修剪体】对话框→目标选择螺旋体1→工具选项选择【面或平面】→选择 YZ 平面为修剪平面→单击【确定】按钮，完成螺旋体 1 的第二次修剪，如图 4-120 所示。

4）重复【■修剪体】特征命令，弹出【修剪体】对话框→逆时针选择螺旋体 2 为目标→工具选项选择【新建平面】→指定平面选择【■按某一距离】方式→单击 XY

图 4-120 螺旋体 1 的第二次修剪

平面，输入距离为 47mm→单击【确定】按钮，完成螺旋体 2 的第一次修剪，如图4-121 所示。

图 4-121 螺旋体 2 的第一次修剪

5）重复【■修剪体】特征命令，弹出【修剪体】对话框→目标选择螺旋体 2→工具选项选择【新建平面】→指定平面选择【■成一角度】方式→单击 YZ 平面，输入角度为 30°→单击【确定】按钮，完成螺旋体 2 的第二次修剪，如图 4-122 所示。

6）重复【■修剪体】特征命令，弹出【修剪体】对话框→逆时针选择螺旋体 3 为目标→工具选项选择【新建平面】→指定平面选择【■按某一距离】方式→单击 XY 平面，输入距离为 28mm→单击【确定】按钮，完成螺旋体 3 的第一次修剪，如图 4-123 所示。

图 4-122 螺旋体 2 的第二次修剪

图 4-123 螺旋体 3 的第一次修剪

7）重复【▢修剪体】特征命令，弹出【修剪体】对话框→目标选择螺旋体3→工具选项选择【新建平面】→指定平面选择【◁成一角度】方式→单击 XZ 平面，输入角度为-30°→单击【确定】按钮，完成螺旋体3的第二次修剪，如图 4-124 所示。

8）重复【▢修剪体】特征命令，弹出【修剪体】对话框→逆时针选择螺旋体4为目标→工具选项选择"新建平面"→指定平面选择【◁按某一距离】方式→单击 XY 平面，距离为 47mm→单击【确定】按钮，完成螺旋体4的第一次修剪，如图 4-125 所示。

图 4-124　螺旋体3的第二次修剪

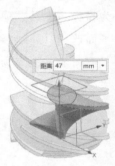

图 4-125　螺旋体4的第一次修剪

9）重复【▢修剪体】特征命令，弹出【修剪体】对话框→目标选择螺旋体4→工具选项选择【面或平面】→选择 XZ 平面为修剪平面→单击【确定】按钮，完成螺旋体4的第二次修剪，如图 4-126 所示。

10）重复【▢修剪体】特征命令，弹出【修剪体】对话框→逆时针选择螺旋体5为目标→工具选项选择【新建平面】→指定平面选择【◁按某一距离】方式→单击 XY 平面，距离为 25mm→单击【确定】按钮，完成螺旋体5的第一次修剪，如图 4-127 所示。

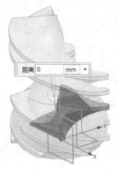

图 4-126　螺旋体4的第二次修剪

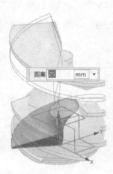

图 4-127　螺旋体5的第一次修剪

11）重复【▢修剪体】特征命令，弹出【修剪体】对话框→目标选择螺旋体5→工具选项选择【新建平面】→指定平面选择【◁成一角度】方式→单击 XZ 平面，角度为20°→单击【确定】按钮，完成螺旋体5的第二次修剪，如图 4-128 所示。

12）重复【▢修剪体】特征命令，弹出【修剪体】对话框→目标选择螺旋体6→工具选项选择【新建平面】→指定平面选择【◁按某一距离】方式→选择圆柱上端面作为修剪平面→单击【确定】按钮，完成螺旋体6的修剪，如图4-129所示。

图 4-128　螺旋体 5 的第二次修剪　　　　　　图 4-129　螺旋体 6 的修剪

（4）创建螺旋推进器主体　绘制方法一中图 4-101 所示的草图，并利用旋转命令完成螺旋推进器主体 1 的创建，如图 4-130 所示。

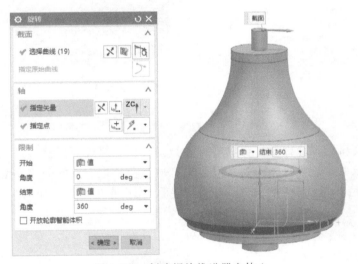

图 4-130　创建螺旋推进器主体 1

（5）布尔运算　选择【求和】特征命令，弹出【合并】对话框→目标选择所有螺旋推进器主体→工具选择所有螺旋体→单击【确定】按钮，完成布尔运算，如图 4-131 所示。

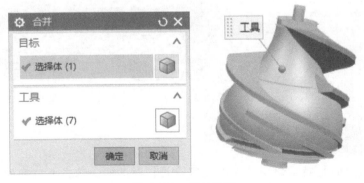

图 4-131　布尔运算

（6）螺旋推进器修剪

1）选择【旋转】特征命令，弹出【旋转】对话框→截面选择图4-130草图曲线→指定矢量为ZC轴，指定点选择坐标原点→限制选项输入开始角度为0°，结束角度为360°→单击【确定】按钮，完成螺旋推进器主体2的创建，如图4-132所示。

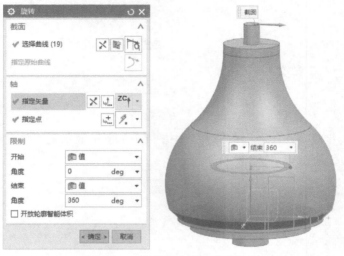

图4-132　创建螺旋推进器主体2

扫一扫，学习如何复制图4-130所示的旋转体来代替此步骤的操作。

2）选择【求和】特征命令，弹出【合并】对话框→目标选择螺旋推进器主体2→工具选择图4-131所示的螺旋推进器→勾选【定义区域】复选框→选择需要保留的所有螺旋体部分，并点选【保留】单选项→单击【确定】按钮，完成布尔运算，如图4-133所示。

图4-133　合并实体

（7）创建圆角　步骤同方法一第（12）步。

（8）螺旋体修剪

1）选择【替换面】特征命令，弹出【替换面】对话框→选择要替换的面如图4-134所示，选择XZ平面为替换面→单击【确定】按钮，完成替换。

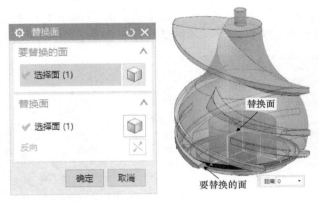

图 4-134　替换 1

2）重复【替换面】特征命令，弹出【替换面】对话框→如图 4-135 所示，选择要替换的面和替换面→单击【确定】按钮，完成替换。

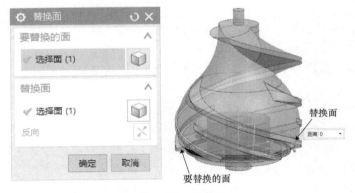

图 4-135　替换 2

3）选择【基准平面】特征命令，弹出【基准平面】对话框→类型选择【　成一角度】→平面参考选择 YZ 平面→通过轴选择 ZC 轴→输入角度为−30°→单击【确定】按钮，完成基准平面的创建，如图 4-136 所示。

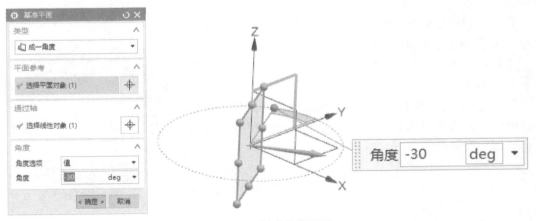

图 4-136　创建基准平面

4）选择【替换面】特征命令，弹出【替换面】对话框→要替换的面如图 4-137 所示，选择上一步创建的基准平面为替换面→单击【确定】按钮，完成替换。

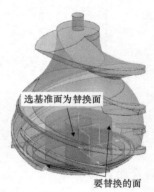

图 4-137　替换 3

> 注：替换面的具体操作可以通过观看录屏讲解来完成。

（9）创建螺旋推进器环形齿条　参照方法一中环形齿条的创建方法，完成方法二中的环形齿条创建。

4.5.4　小结

在本任务中，方法一和方法二的建模思路相同，主要区别是螺旋体的创建和修剪方式不同，主要还是针对特征命令的操作方法做具体介绍，总结如下：

1）螺旋曲线样式很多，本任务中只介绍了圆柱螺旋曲线的创建方法，除此之外还有圆锥螺旋曲线、盘形螺旋曲线的创建方法，需要大家通过自学的方式去探索。

2）前一任务介绍了基准平面的一些创建方法，本任务中新增了【成一角度】的创建方法。

3）布尔运算命令功能多变，它不只是简单的与、或、非的关系，还可根据需求适当地取舍部分实体。

4）修剪特征命令也有很多，需要根据不同需求选择合适的修剪命令，如本任务中介绍的【修剪体】特征命令、【补片】特征命令、【替换面】特征命令和【删除面】特征命令。

5）在使用【拉伸】、【旋转】等需要选择曲线完成的特征命令时，选择曲线的方式也是可以灵活选用的，加大了曲线创建的随意性。

4.6　任务引入——榨汁机料理杯的建模

完成图 4-138 所示榨汁机料理杯的建模。

图 4-138　榨汁机料理杯

4.6.1 任务分析

首先创建榨汁机料理杯本体，创建料理杯排渣管道本体；再创建排水槽筋板，抽取主体内腔；然后创建内排渣管道和主体内部细节修正；拉伸创建本体下端结构，创建排水口；最后完成卡扣建模，如图 4-139 所示。

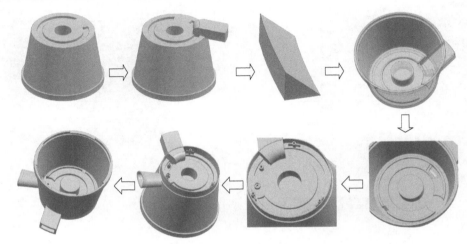

图 4-139 建模思路

4.6.2 主要知识点

本任务中将学习以下建模命令的使用方法和一般步骤：

- 创建方块
- 筋板
- 倒斜角
- 偏置面
- 变化扫掠

- X 型
- 拆分体
- I 型
- 替换面

4.6.3 任务实施

1. 创建榨汁机料理杯主体旋转特征

单击【旋转】特征命令，弹出【旋转】对话框→以 XZ 平面作为草绘平面绘制榨汁机料理杯主体草图→指定矢量为 ZC 轴，指定点为坐标原点→限制选项输入开始角度为 0°，结束角度为 360°→单击【确定】按钮，完成榨汁机料理杯主体的创建，如图 4-140 所示。

2. 创建底部拉伸特征

1）选择【拉伸】特征命令，弹出【拉伸】对话框→截面选择榨汁机料理杯主体下端轮廓线→指定矢量为 ZC 轴→限制选项输入结束距离为 4mm→选择求差实体为所旋转的榨汁机料理杯主体→偏置选择【两侧】，输入开始为−10mm，结束为−20mm→单击【确定】按钮，完成拉伸体 1 的创建，如图 4-141 所示。

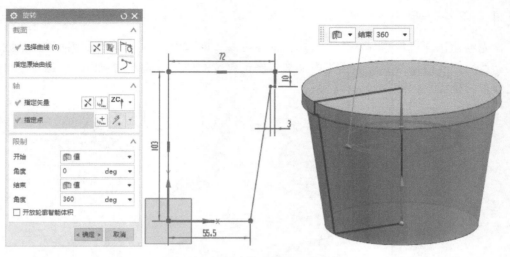

图 4-140　创建榨汁机料理杯主体

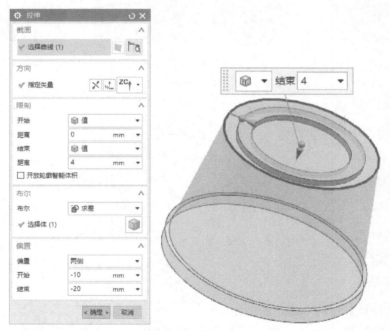

图 4-141　创建拉伸体 1

2）重复【拉伸】特征命令，弹出【拉伸】对话框→以 XY 平面作为草绘平面绘制草图→指定矢量为 ZC 轴→限制选项输入结束距离为 4mm→选择求和实体为料理杯主体实体→单击【确定】按钮，完成拉伸体 2 的创建，如图 4-142 所示。

3）选择【拉伸】特征命令，弹出【拉伸】对话框→截面选择榨汁机料理杯主体下端轮廓线→指定矢量为 ZC 轴→限制选项输入结束距离为 23mm→选择求差实体为料理杯主体实体→偏置选择【单侧】，输入结束为-40.5mm→单击【确定】按钮，完成拉伸体 3 的创建，如图 4-143 所示。

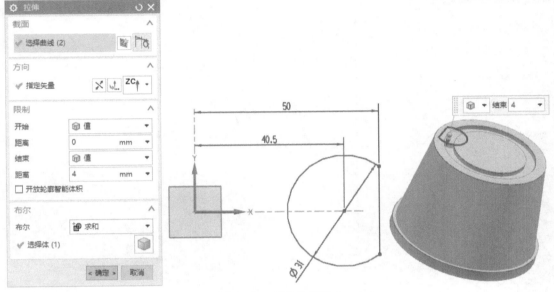

图 4-142　创建拉伸体 2

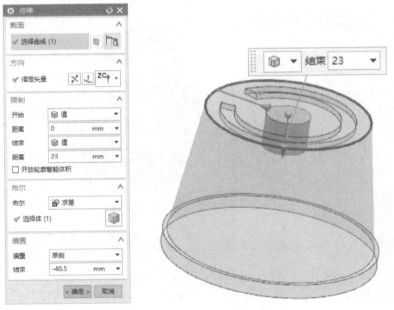

图 4-143　创建拉伸体 3

3. 创建排渣管道

（1）创建排渣管道主体　选择【拉伸】特征命令，弹出【拉伸】对话框→以 XY 平面绘制草图→指定矢量为 ZC 轴→限制选项输入开始距离为-15mm，结束距离为 3mm →选择求和实体为料理杯主体实体→单击【确定】按钮，完成排渣管道的拉伸，如图 4-144 所示。

（2）创建排渣管道替换　选择【替换面】特征命令，弹出【替换面】对话框→如图4-145 所示，选择要替换的面和替换面→单击【确定】按钮，完成排渣管道替换。

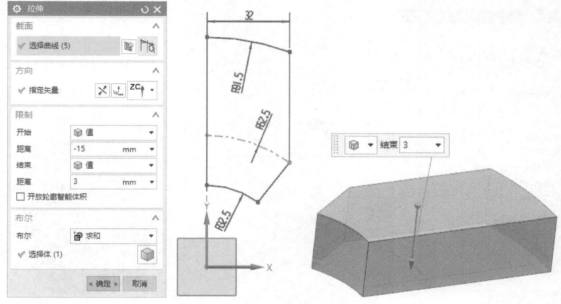

图 4-144　拉伸排渣管道

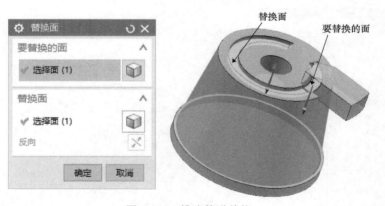

图 4-145　排渣管道替换

注：图中要替换的面选择排渣管道底部与替换面相对的面。

（3）创建排渣管道圆角　选择【边倒圆】特征命令，弹出【边倒圆】对话框→选择图 4-146 所示 2 条轮廓边→半径 1 为 10mm，半径 2 为 6mm→单击【确定】按钮，完成圆角创建。

4．创建排水槽筋板

（1）创建排水槽筋板　功能区选择【主页】→【特征】→【更多】→【设计特征】→【🍥筋板】特征命令，弹出【筋板】对话框→目标选择料理杯主体→截面单击【🔛绘制截面】按钮，选择 XY 平面为草绘平面，绘制图 4-147 所示草图，返回【筋板】对话框→尺寸选择【⬍对称】方式，厚度为 8mm→帽形体选项中几何体选择【🗔从截面】方式，偏置为 1mm→单击【确定】按钮，完成筋板的创建。

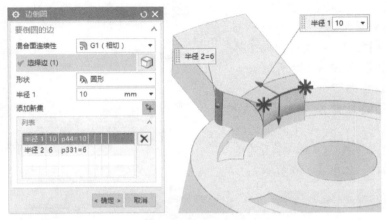

图 4-146　创建排渣管道圆角

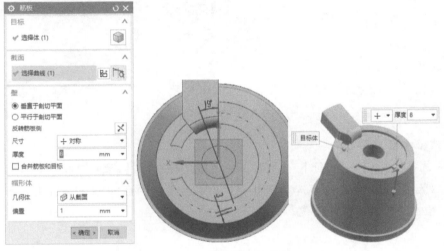

图 4-147　创建排水槽筋板

（2）创建筋板斜角　功能区选择【主页】→【特征】→【倒斜角】特征命令,弹出【倒斜角】对话框→边选择图 4-148 所示轮廓曲线→横截面选择【对称】方式→输入距离为 10mm →单击【确定】按钮,完成筋板倒斜角。

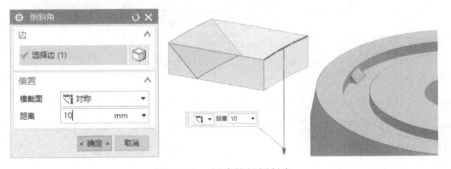

图 4-148　创建筋板倒斜角

（3）布尔运算　选择【求和】特征命令，弹出【合并】对话框，正确选择目标与工具，单击【确定】按钮，完成料理杯主体和筋板的布尔运算，如图 4-149 所示。

5. 创建料理杯内腔

选择【抽壳】特征命令，弹出【抽壳】对话框，要穿透的面选择榨汁机料理杯主体上表面，输入厚度为 3mm，单击【确定】按钮，完成抽壳，如图 4-150 所示。

图 4-149　布尔运算

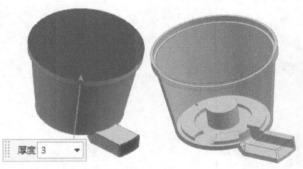

图 4-150　料理杯抽壳

6. 创建排水槽

功能区选择【主页】→【特征】→【更多】→【偏置/缩放】→【　偏置面】特征命令，弹出【偏置面】对话框→要偏置的面选择图 4-151 所示两相对的面→输入偏置为 -3mm →单击【确定】按钮，完成排水槽的创建。

图 4-151　创建排水槽

7. 创建内排渣口

（1）创建方块一　功能区选择【应用模块】→【特征于工艺】→【　注塑模】→功能区选择【注塑模向导】→【注塑模工具】→【　创建方块】特征命令，弹出【创建方块】对话框→类型选择【　有界长方体】方式→对象选择图 4-152 所示排渣管道内表面→单击【确定】按钮，完成方块一的实体创建。

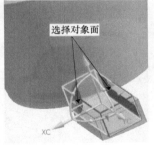

图 4-152 创建方块一

（2）方块一的替换

1）选择【替换面】特征命令，弹出【替换面】对话框→分别选择图 4-153 所指要替换的面和替换面→单击【确定】按钮，完成方块一第一次替换面的操作。

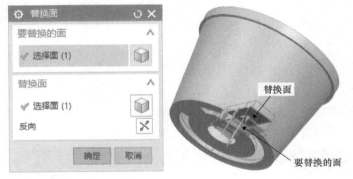

图 4-153 方块一的第一次替换

2）重复【替换面】特征命令，分别选择图 4-154 所指要替换的面和替换面，单击【确定】按钮，完成其他替换面的操作。

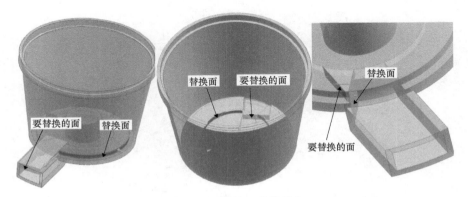

图 4-154 方块一其他替换

（3）实体方块一抽壳 选择【抽壳】特征命令，弹出【抽壳】对话框→类型选择【移除面，然后抽壳】→要穿透的面选择方块一上表面→输入厚度为 3mm→单击【确定】按钮，完成方块一的抽壳，如图 4-155 所示。

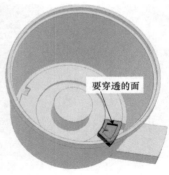

图 4-155　方块一的抽壳

（4）方块一的布尔运算　选择【求和】特征命令，弹出【合并】对话框→目标选择料理杯主体→工具选择方块一→单击【确定】按钮，完成布尔运算，如图 4-156 所示。

（5）方块一的面偏置

1）选择【▣偏置面】特征命令，弹出【偏置面】对话框→要偏置的面选择图 4-157 所示两相对应的平面→输入偏置为-3mm→单击【确定】按钮，完成方块一的偏置面 1。

图 4-156　方块一的布尔运算

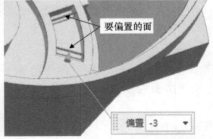

图 4-157　方块一的偏置面 1

2）重复【▣偏置面】特征命令，完成图 4-158 所示方块一偏置面 2 的操作。

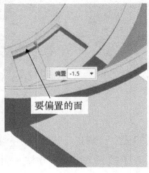

图 4-158　方块一的偏置面 2

（6）创建内排渣口拉伸体

1）选择【拉伸】特征命令，弹出【拉伸】对话框→截面选择方块一抽壳内底面→指定矢量为-ZC轴→限制选项输入结束距离为5mm→布尔运算求差，选择料理杯主体实体→单击【确定】按钮，完成内排渣口的拉伸，如图4-159所示。

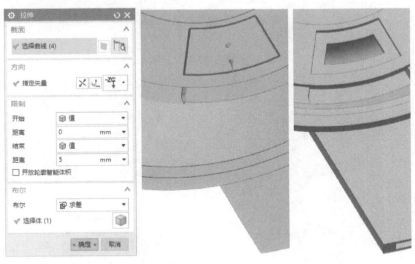

图4-159 内排渣口拉伸

注：截面选择时需在选择意图工具条的曲线规则条中选择【面的边】。

2）选择【📦偏置面】特征命令，弹出【偏置面】对话框→要偏置的面选择图4-160中所指表面→输入偏置为-3mm→单击【确定】按钮，完成方块一的偏置面3。

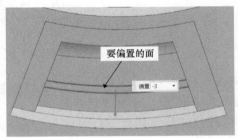

图4-160 方块一的偏置面3

（7）创建方块二 复制方块一的创建方法，完成方块二的创建，如图4-161所示。

（8）方块二替换 选择【替换面】特征命令，分别完成图4-162所示5个面的替换操作。

（9）方块二布尔运算 选择【求和】特征命令，弹出【合并】对话框→目标选择料理杯主体→工具选择方块二→单击【确定】按钮，完成布尔运算求和，如图4-163所示。

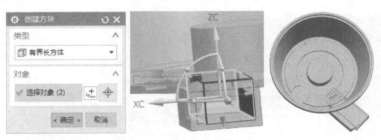

图 4-161　创建方块二

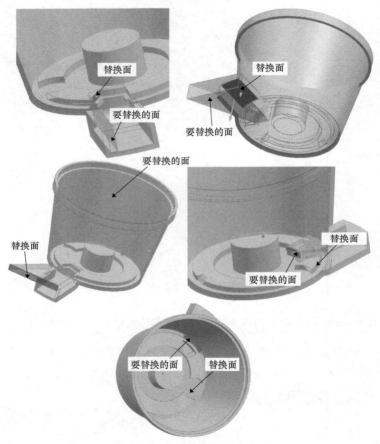

图 4-162　方块二 5 个面的替换

8.　创建料理杯内部

（1）料理杯内部拉伸　选择【拉伸】
特征命令，弹出【拉伸】对话框→截面选
择图 4-164 所示轮廓边→指定矢量为 ZC
轴→限制选项输入结束距离为 4mm→布尔
运算求和，选择料理杯主体→偏置选项输
入结束距离为 3mm→单击【确定】按钮，
完成拉伸。

（2）齿轮槽替换　选择【替换面】

图 4-163　布尔运算求和

特征命令，分别完成图 4-165 所示齿轮槽 2 个面的替换操作。

图 4-164　料理杯内部拉伸

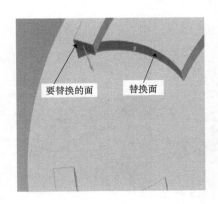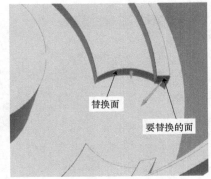

图 4-165　齿轮槽替换

（3）排水槽修正

1）选择【替换面】特征命令，分别完成图 4-166 所示排水槽 2 个面的替换操作。

2）选择【边倒圆】特征命令，弹出【边倒圆】对话框→选择图 4-167 所示 2 条轮廓边→输入半径 1 为 1.5mm→单击【确定】按钮，完成排水槽圆角创建。

9．创建料理杯底部

（1）料理杯底部拉伸　选择【拉伸】特征命令，弹出【拉伸】对话框→截面选择图 4-168 所示底部外轮廓边缘→指定矢量为-ZC 轴→限制选项输入结束距离为 16mm→布尔运算求和，选择料理杯主体→偏置选项输入开始距离为-2mm，结束距离为-3mm→单击【确定】按钮，完成料理杯底部拉伸。

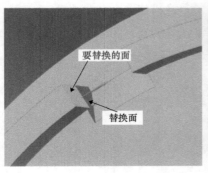
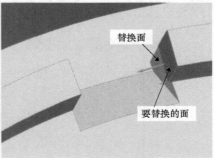

图 4-166　排水槽替换

图 4-167　创建排水槽圆角

图 4-168　料理杯底部拉伸

（2）料理杯底部替换　选择【替换面】特征命令，完成图 4-169 所示面的替换。

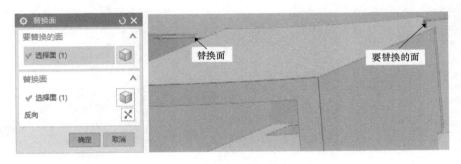

图 4-169　料理杯底部替换

（3）创建底部螺钉柱位

1）选择【拉伸】特征命令，弹出【拉伸】对话框→以 XY 平面为草绘平面绘制草图→指定矢量为 -ZC 轴→限制选项输入结束距离为 12mm→选择求和实体为料理杯主体→单击【确定】按钮，完成底部螺钉柱位拉伸体 1 的创建，如图 4-170 所示。

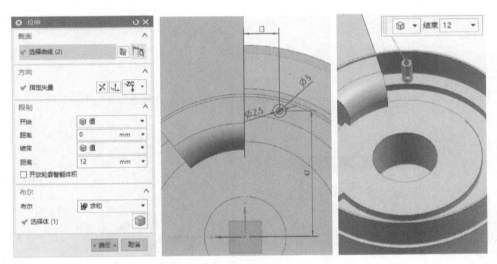

图 4-170　创建底部螺钉柱位拉伸体 1

2）重复【拉伸】特征命令，弹出【拉伸】对话框→以 XY 平面为草绘平面绘制草图→指定矢量为 -ZC 轴→限制选项输入结束距离为 8mm→选择求和实体为料理杯主体→单击【确定】按钮，完成底部螺钉柱位拉伸体 2 的创建，如图 4-171 所示。

注：截面选择时需在选择意图工具条的曲线规则条中选取【单条曲线】，同时单击【在相交处停止】按钮。

3）选择【阵列特征】特征命令，弹出【阵列特征】对话框→要形成阵列的特征选择底部螺钉柱位拉伸体 1 和拉伸体 2→布局选择【圆形】→指定矢量为 ZC 轴，指定点为坐标原点→角度方向选项输入数量为 3，节距角为 120°→单击【确定】按钮，完成底部螺钉柱位阵列，如图 4-172 所示。

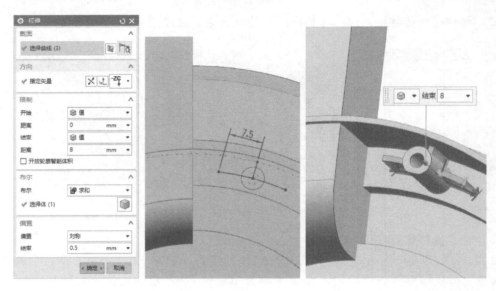

图 4-171　创建底部螺钉柱位拉伸体 2

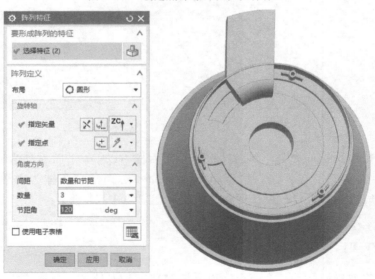

图 4-172　底部螺钉柱位阵列

4）选择【拉伸】特征命令，弹出【拉伸】对话框→以 XY 平面为草绘平面绘制草图→
指定矢量为 ZC 轴→限制选项中结束设为【🔲直至下一个】→选择求和实体为料理杯主体→

单击【确定】按钮，完成底部拉伸体的创建，如图 4-173 所示。

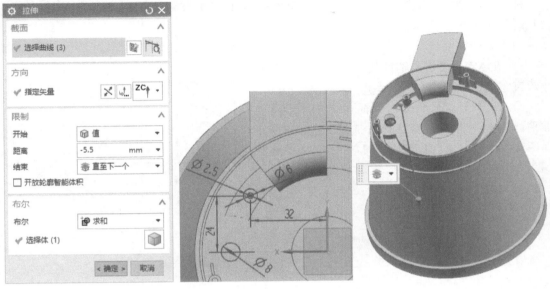

图 4-173　创建底部拉伸体

5）选择【　孔】特征命令，弹出【孔】对话框→类型选择【常规孔】→位置选择图 4-173 中 ϕ8mm 圆柱孔中心→形状选择【沉头孔】→尺寸输入沉头直径为 6mm，沉头深度为 2.5mm，直径为 3mm，深度限制选择【贯通体】→选择求差实体为料理杯主体→单击【确定】按钮，完成孔创建，如图 4-174 所示。

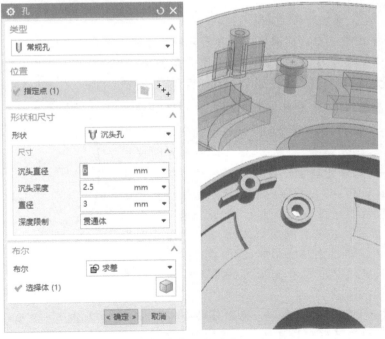

图 4-174　创建孔

10. 创建排水槽

排水槽的创建可采用两种方式进行，主要利用【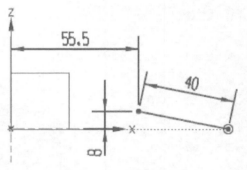 变化扫掠】、【 X 型】、【 I 型】等特征命令。具体创建方法如下：

（1）方法一

1）在 XZ 平面绘制辅助线草图，并将几何尺寸约束完全，如图 4-175 所示。

2）选择【基准平面】特征命令，弹出【基准平面】对话框→类型选择【曲线上】→曲线选择图 4-175 所示的辅助线→曲线上的位置选择【弧长百分比】方式，输入百分比为 0%→单击【确定】按钮，完成基准平面的创建，如图 4-176 所示。

图 4-175　辅助线草图

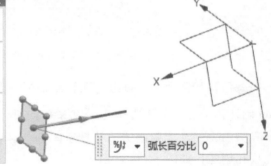

图 4-176　创建基准平面

3）在 YZ 平面绘制椭圆曲线草图，并将几何尺寸约束完全，如图 4-177 所示。

4）功能区选择【曲面】→【曲面】→【更多】→【扫掠】→【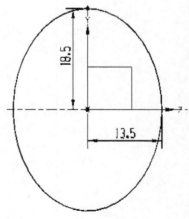 变化扫掠】特征命令，弹出【变化扫掠】对话框→截面选项单击【绘制截面】按钮，打开【创建草图】对话框→路径选择图 4-177 所示的椭圆曲线草图→平面位置选择【弧长百分比】，输入 25%→平面方向选择【垂直于路径】→单击【确定】按钮，进入草图绘制，绘制图 4-178 所示草图→退出草图后返回【变化扫掠】对话框→限制选项输入终止弧长百分比为 100%→辅助截面选项单击【添加新集】按钮，修改列表弧长百分比分别为 0%、50%、75%→双击图形中 0%、50% 两处截面尺寸，修改为图 4-178 所示截面尺寸为 R15mm、3.5mm→单击【确定】按钮，完成变化扫掠。

图 4-177　椭圆曲线草图

5）选择【替换面】特征命令，弹出【替换面】对话框→如图 4-179 所示，选择要替换的面和替换面→单击【确定】按钮，完成排水槽替换 1。

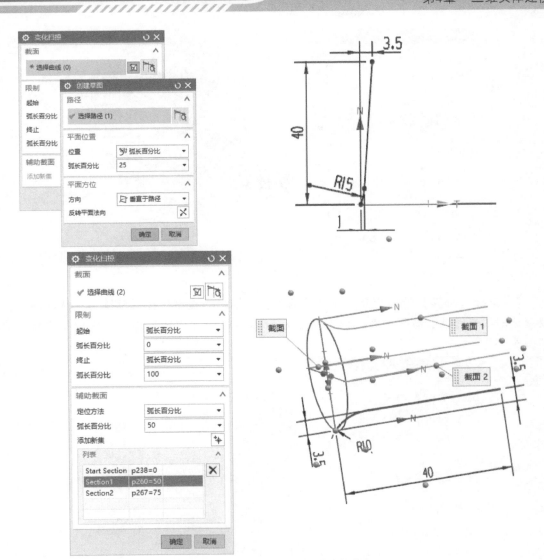

图 4-178　排水槽主体的变化扫掠

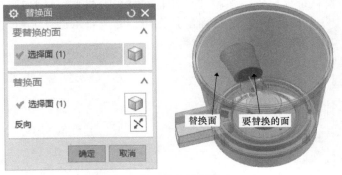

图 4-179　排水槽替换 1

6）选择【求差】特征命令，弹出【求差】对话框→目标选择料理杯主体→工具选择排水槽主体→勾选【保存工具】→单击【确定】按钮，完成布尔求差运算，如图 4-180 所示。

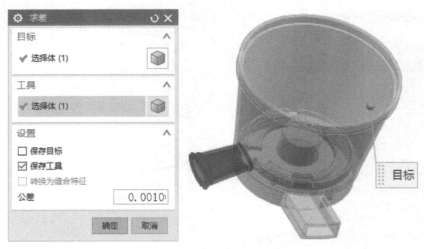

图 4-180　布尔运算求差

7）选择【抽壳】特征命令，弹出【抽壳】对话框→类型选择【移除面，然后抽壳】→要穿透的面选择排水槽两端面→输入厚度为 3mm→单击【确定】按钮，完成排水槽抽壳，如图 4-181 所示。

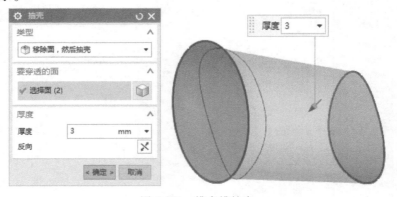

图 4-181　排水槽抽壳

8）选择【求和】特征命令，弹出【合并】对话框→目标选择料理杯主体→工具选择排水槽主体→勾选【保存工具】→单击【确定】按钮，完成布尔运算求和，如图 4-182 所示。

图 4-182　布尔运算求合

9）双击【替换面】特征命令，完成图 4-183 所示排水槽剩余两个面的替换操作。

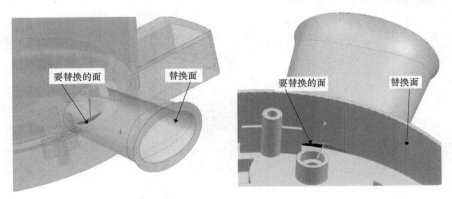

图 4-183　排水槽剩余两个面的替换

10）功能区选择【曲面】→【编辑曲面】→【　　　 X 型】特征命令，弹出【X 型】对话框→曲线或曲面勾选【单选】，对象选择排水口端面→参数化调整次数 V＝2→绘图区调整等参数曲线至图 4-184 所示坐标位置→单击【确定】按钮，完成排水口端面的曲率创建。

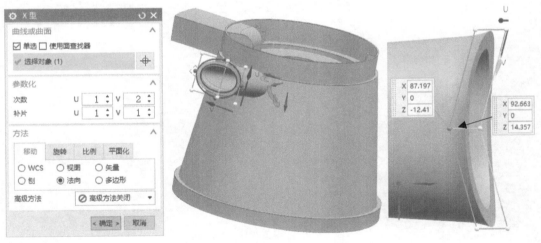

图 4-184　创建排水口端面曲率

11）选择【边倒圆】特征命令，弹出【边倒圆】对话框→选择排水口端面两轮廓边为要倒圆的边→输入半径 1 为 1mm，半径 2 为 2mm→单击【确定】按钮，完成排水口端面圆角的创建，如图 4-185 所示。

（2）方法二

1）根据方法一第 1）～3）步的创建方法完成排水槽辅助线和截面线的创建，如图 4-186所示。

2）选择【拉伸】特征命令，弹出【拉伸】对话框→截面选择图 4-186 所示的截面线→指定矢量为　　（曲线/轴矢量），单击图 4-186 所示的辅助线→限制选项输入结束距离为 40mm→拔模选项输入从起始限制角度为 4.8°→单击【确定】按钮，完成排水槽主体拉伸，如图 4-187 所示。

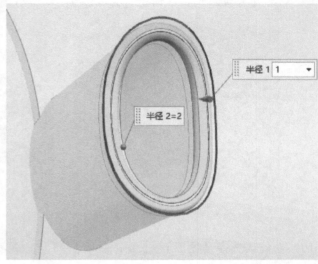

图 4-185　创建排水口端面圆角

图 4-186　创建排水槽辅助线
　　　　　和截面线

图 4-187　排水槽主体拉伸

3）功能区选择【曲面】→【编辑曲面】→【 I 型】特征命令，弹出【I 型】对话框→等参数曲线方向选择 V 向，位置选择【均匀】，输入数量为 4→等参数曲线形状控制调整参数曲线上的点，选择相对应两参数曲线上的点，至图 4-188 所示位置→单击【确定】按钮，完成排水槽曲率创建。

4）选择【 X 型】特征命令，弹出【X 型】对话框→曲线或曲面选项勾选【单选】复选框，对象选择排水口端面→参数化调整次数 V=2→绘图区调整等参数曲线至如图 4-189 所示坐标位置→单击【确定】按钮，完成排水口端面的曲率创建。

5）排水槽后期建模方法与方法一完全相同，完成创建的排水槽如图 4-190 所示。

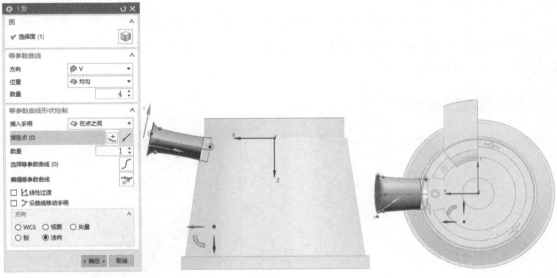

图 4-188 排水槽曲率创建

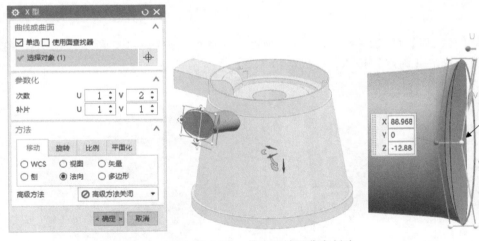

图 4-189 排水口端面曲率创建

图 4-190 排水槽

11. 创建顶部卡扣

1) 选择【拉伸】特征命令，弹出【拉伸】对话框→选择 XZ 平面为草绘平面绘制草图→指定矢量为 YC 轴→限制选项结束设为【🔲直至下一个】→单击【确定】按钮，完成卡扣拉伸，如图 4-191 所示。

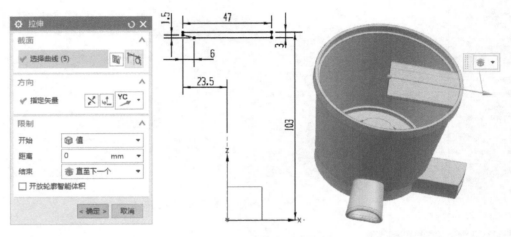

图 4-191　创建卡扣拉伸

2) 选择【替换面】特征命令，弹出【替换面】对话框→如图 4-192 所示，选择要替换的面和替换面→单击【确定】按钮，完成卡扣替换。

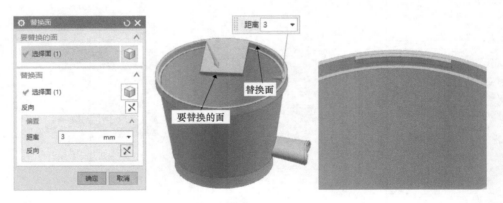

图 4-192　卡扣的替换

3) 选择【阵列几何特征】特征命令，弹出【阵列几何特征】对话框→要形成阵列的几何特征选择单齿特征→布局选择【圆形】→指定矢量为 ZC 轴，指定点为坐标原点→角度方向输入数量为 4，节距角为 90°→单击【确定】按钮，完成卡扣的阵列，如图 4-193 所示。

4) 选择【求和】特征命令，弹出【合并】对话框→目标选择料理杯主体→工具选择全部卡扣实体→单击【确定】按钮，完成布尔运算求和，如图 4-194 所示。

4.6.4　小结

在本任务中，只在排水槽的创建上采用两种建模方法，其主要目的是介绍【变化扫掠】

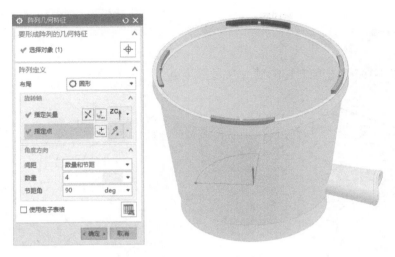

图 4-193 卡扣的阵列

图 4-194 布尔运算求和

的尺寸控制方式与【I型】、【X型】的形状控制方式之间的区别。具体总结如下：

1）本任务中模型创建方式为基于无参数化创建方式。通俗地说，就是模型创建中的每一步均为模型已经完成但不够完善而对其进行的一种修改，或者为增添一些功能、功用而进行的开发创建。

2）【筋板】特征命令的截面草绘平面与截面草图的创建方式多样，可根据不同要求选择使用。

3）【抽壳】特征命令使用时机是否合理会影响抽壳后的效果，如果不合理，可能会为后续创建带来不小的麻烦。

4）前面任务中介绍了利用【钣金】命令进行模型的创建，本任务中则介绍了利用【注塑模具】命令创建模型。

5）前期介绍了不少以尺寸精确控制方式的建模。本任务中介绍了一种新的建模方式，即形状控制方式，如【I型】特征命令和【X型】特征命令，利用它很难精确控制模型尺寸，但可以很好地完成对模型形状的控制。

6）选择意图中除了选择的方式、点的捕捉方式外，还有其他选择方式，可应时而定。

4.7　练习题

1. 完成图 4-195 所示的各零件的三维实体建模。

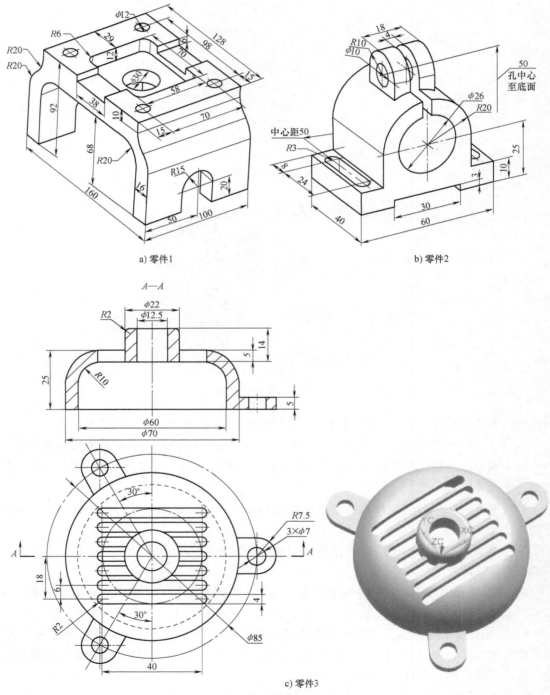

a) 零件1

b) 零件2

c) 零件3

图 4-195　零件

2. 完成图 4-196 所示的连杆的三维实体建模。

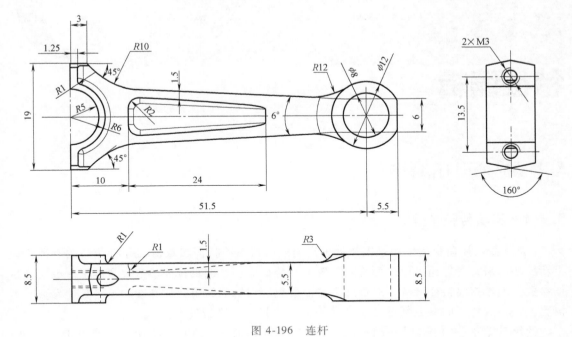

图 4-196 连杆

第**5**章

特征编辑

5.1 特征时序编辑

5.1.1 编辑特征参数

【编辑参数】命令的作用是编辑处理当前模型状态的特征参数值，并将所做的特征修改重新反映出来，另外还可以改变特征放置面和特征类型。编辑特征参数包含编辑一般实体特征参数、编辑扫描特征参数、编辑阵列特征参数、编辑倒斜角特征参数和编辑其他参数 5 类情况。大多数特征的参数都可以通过【编辑参数】命令进行编辑。

选择【菜单】→【编辑】→【特征】→【编辑参数】命令，如图 5-1 所示，或单击【主页】选项卡【编辑特征】组中的【**编辑特征参数】图标，系统弹出图 5-2 所示的【编辑参数】对话框，选中想要编辑的特征，单击【确定】按钮即可编辑；也可以使用【部件导航器】→MB3→【编辑参数】命令，如图 5-3 所示，打开【编辑参数】对话框。图 5-4 所示为编辑孔参数前、后的效果。

5.1.2 可回滚编辑

【可回滚编辑】命令与编辑参数功能一样，但使用这种命令对选中特征进行参数编辑

图 5-1 菜单选择

图 5-2 【编辑参数】对话框

图 5-3 部件导航器选择

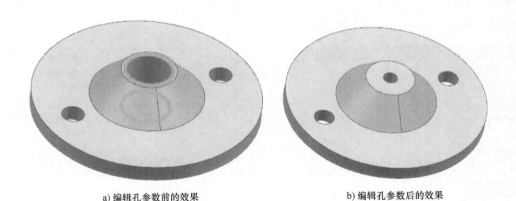

a) 编辑孔参数前的效果   b) 编辑孔参数后的效果

图 5-4 编辑孔参数前、后的效果

时，系统会回滚到该特征创建的时间，使该特征成为当前特征后进行编辑，该特征以后的所有特征都被屏蔽。

选择【菜单】→【编辑】→【特征】→【可回滚编辑】命令，如图 5-5 所示，或单击【主页】选项卡【编辑特征】组中的【 🔧 可回滚编辑】图标，系统弹出图 5-6 所示的【可回滚编辑】对话框，选中想要编辑的特征，单击【确定】按钮即可编辑；也可以在部件导航器

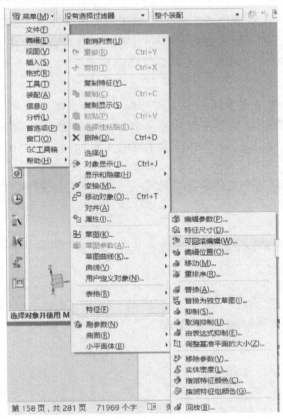

图 5-5 菜单选择

中选中某一特征，然后双击鼠标左键，或者单击鼠标右键，在弹出的快捷菜单中选择【可回滚编辑】命令，编辑该特征，如图 5-7 所示。

图 5-6 【可回滚编辑】对话框

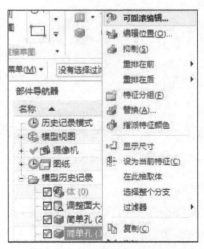

图 5-7 部件导航器选择

5.1.3 特征重排序

特征的生成是按照一定的顺序进行的，系统按照生成顺序自动对特征名进行编号，该编号称为时间标记。特征重排序就是更改特征应用到模型时的顺序，在选定参考特征之前或之后对所需特征重排序，当特征间有父子级关系和依赖关系时，不能进行特征间的重新排序操作。

选择【菜单】→【编辑】→【特征】→【重排序】命令，系统弹出图 5-8 所示的【特征重排序】对话框。也可以在部件导航器中选中某一特征，单击鼠标左键选中不放直接拖动，或者单击鼠标右键，在弹出的快捷菜单中选择【重排在前】/【重排在后】命令，进行重新排序操作。

a) 重排序前

b) 重排序后

图 5-8 【特征重排序】对话框

进行特征重排序时需要注意特征的依附性，父、子特征的顺序一般不能颠倒。例如不能将子特征排在其父特征之前，同理，也不能将父特征排在其子特征之后。

5.2 特征替换与抑制

5.2.1 替换特征

【替换特征】的作用是将选择的特征替换到其他部件，此命令在很多复杂的实体造型中十分重要。选择【菜单】→【编辑】→【特征】→【替换】命令，系统弹出图5-9所示的【替换特征】对话框；也可以在部件导航器中用鼠标右键单击某一特征，在弹出的快捷菜单中选择【替换】命令来完成操作。例如，替换图5-10a中的矩形键槽和孔到图5-10b中，替换后如图5-10c所示。

图5-9 【替换特征】对话框

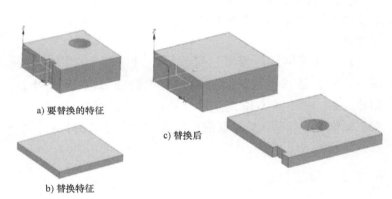

a) 要替换的特征

c) 替换后

b) 替换特征

图5-10 替换实例

5.2.2 抑制特征

【抑制特征】命令的作用是将选中的特征暂时隐藏，不显示出来，当抑制有关联的特征之一时，与其关联的特征也被抑制。已抑制的特征不在实体中显示，也不在工程图中显示，但其数据仍然存在，可通过解除抑制恢复。此命令在很多复杂的实体造型中很重要。

选择【菜单】→【编辑】→【特征】→【抑制】命令，系统弹出图5-11所示的【抑制特征】对话框。也可以在部件导航器中用鼠标右键单击某一特征，在弹出的快捷菜单中选择【抑制】命令来完成操作。图5-12所示为执行了抑制操作的螺纹特征前后对比图。

执行【抑制特征】命令会同时抑制与其相关联的子特征；同理，取消抑制会同时取消抑制与其相关联的父特征。

图 5-11 【抑制特征】对话框

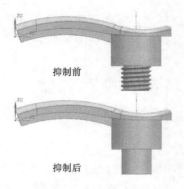

图 5-12 特征抑制前后

5.3 特征参数

5.3.1 特征尺寸

【特征尺寸】命令的作用是为选定的特征或草图选择修改尺寸的快捷方式，也可以将选定的特征尺寸转换为三维尺寸标注。

选择【菜单】→【编辑】→【特征】→【特征尺寸】，或单击【主页】选项卡【编辑特征】组中的【 特征尺寸】图标，系统弹出图 5-13 所示的【特征尺寸】对话框，选择对应要修改的尺寸，输入新的尺寸值后单击【应用】→【确定】按钮即可。

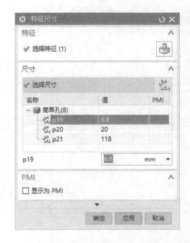

图 5-13 【特征尺寸】对话框

5.3.2 移除参数

【移除参数】命令用于移除特征的一个或者所有参数。

选择【菜单】→【编辑】→【特征】→【移除参数】命令，系统弹出图 5-14 所示的【移除参数】对话框，选择要移除参数的特征，单击【确定】按钮后弹出图 5-15 所示警告信息框，提示该操作将移除所选实体的所有特征参数。若单击【是】按钮，则移除全部特征参数；若单击【否】按钮，则取消移除操作。

5.3.3 移动特征

选择【菜单】→【编辑】→【特征】→【移动】命令，系统弹出图 5-16 所示的【移动特征】

图 5-14 【移除参数】对话框

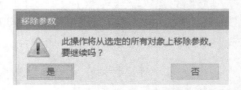

图 5-15 警告信息框

对话框，用户可在绘图工作区中或在对话框的特征列表框中选择需要移动位置的非关联特征。选择特征后，系统弹出图 5-17 所示的【移动特征】对话框，对话框中的各选项用于指定移动位置的方法和参数。

图 5-16 【移动特征】对话框——
选择移动特征

图 5-17 【移动特征】对话框——
指定移动位置的方法和参数

对话框选项说明如下：

1）DXC、DYC、DZC：是指用 XC、YC、ZC 增量坐标指定距离和方向，可以移动一个特征。

2）至一点：是指将特征从参考点移动到目标点。

3）在两轴间旋转：是指通过在参考轴和目标轴之间旋转特征来移动特征。

4）CSYS 到 CSYS：是指将特征从参考坐标系中的位置重定位到目标坐标系中。

在指定移动特征位置的方法后，所选特征会按指定位置进行更新。但【移动特征】命令不能用于移动用定位尺寸约束过的特征。

5.4 小结

本章主要讲解了如何对已创建的特征进行编辑。特征编辑包含编辑参数、可回滚编辑、特征重排序、替换特征、抑制特征、特征尺寸、移除参数和移动特征等，在学习过程中，读者应该熟练掌握特征编辑，以提高建模效率。

第6章

曲线曲面设计

在产品设计过程中，很多零件的外形要求具有漂亮的外观，单靠实体造型是难于实现的，需要利用自由曲面特征造型来完成。曲线作为创建模型的基础，在特征建模过程中的应用非常广泛。可以通过曲线的拉伸、旋转等操作创建特征，也可以用曲线创建曲面来实现复杂特征建模。对复杂零件可以采用实体和自由曲面混合建模，先用实体造型方法创建零件的基本形状，实体造型难以实现的形状则用自由曲面建模，然后与实体特征进行各种操作和运算，达到零件和产品的设计要求。

本章将介绍用 UG NX10.0 软件自由曲面建模的基本功能，主要包括曲线的构造、主曲面的构造、曲面的操作与编辑方法等。

6.1 基本曲线

曲线设计功能主要包括曲线的构造、派生和编辑操作。曲线的构造包括构造直线/圆弧、矩形/多边形、螺旋线、文本、艺术样条和曲面上的曲线等；曲线派生功能包括镜像曲线、偏置曲线、投影曲线、组合投影、桥接曲线和缠绕/展开曲线等；利用曲线的编辑功能，用户可以实现编辑曲线参数、修剪曲线、分割曲线、曲线长度和光顺样条等操作。

曲线命令集成在曲线工具条上，如图 6-1 所示。

图 6-1　曲线工具条

6.1.1　直线/圆弧

1. 创建直线

功能区选择【曲线】→【曲线】→【╱直线】特征命令，打开【直线】对话框，如图 6-2 所示。

1）起点选项和终点选项分别有自动判断、点和相切三种方式。自动判断方式下，系统可根据所点选图素与捕捉的特征，自动判断使用点或者相切方式进行直线的创建。

2）单击选择对象栏中的 ╧ 图标可打开【点】对话框，通过多种点的选择方式，创建出直线的端点，如图 6-3 所示。除了有对象捕捉工具条（见图 6-4）中的功能外，还有特

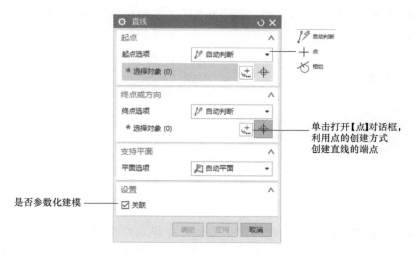

图 6-2　【直线】对话框

图 6-3　【点】对话框

图 6-4　对象捕捉工具条

殊的选择方式，如交点选择方式和坐标输入方式等。

3）平面选项中包括自动平面、锁定平面和选择平面。选择平面是选择现有的实体、片体和基准平面等。自动平面是根据所选端点所在的位置，由计算机自动生成的平面。在使用自动平面方式时，当点选一个端点位置后，系统会自动生成一个平面，但生成的平面与第二个端点位置并无关联性，所以可以选择该平面以外的点作为第二端点，同时平面将自动更新为满足两端点在同一平面要求的新平面，如图 6-5 所示。在直线创建平面确定后自动跳转为【锁定平面】方式。

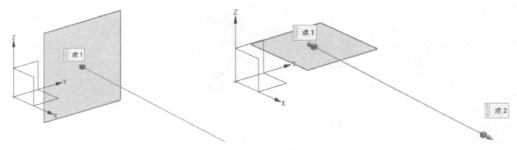

图 6-5   自动平面方式下创建直线

4）直线设置中的关联选项，勾选与否主要体现在导航栏中是否有创建步骤，如图 6-6 所示。其实际意义为是否保留本次直线的参数，及是否参数化建模。如图 6-7 所示，当改变"方块"实体的位置，有"参数"的平面会跟随"方块"一起移动，而无"参数"的平面则不会改变。

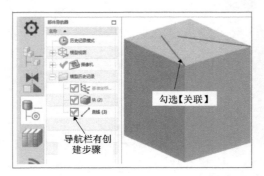
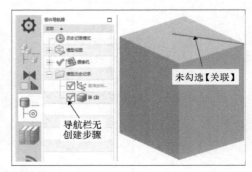

图 6-6   关联选项与导航栏的关系

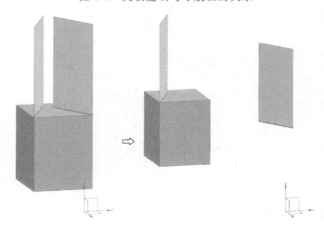

图 6-7   参数化建模对比

注：除前面介绍的三种起点选项和终点选项外，系统还会根据不同的选项搭配，提供成一定角度、沿 XC、沿 YC、沿 ZC 和法向等创建方式。

2. 创建圆弧/圆

功能区选择【曲线】→【曲线】→【◥圆弧/圆】特征命令，打开【圆弧/圆】对话框，如图 6-8 所示。

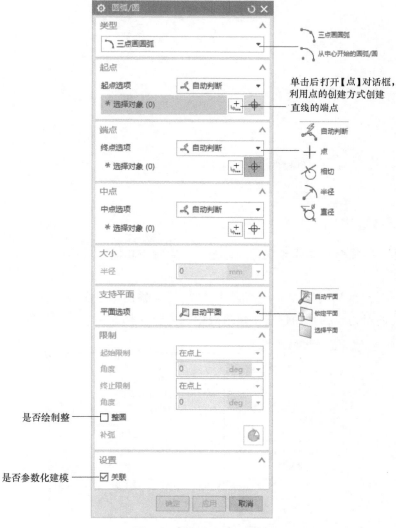

图 6-8　【圆弧/圆】对话框

1) 圆弧/圆创建类型有三点画圆弧和从中心开始的圆弧/圆两种方式。第一种需要确定圆弧曲线上的三个点，第二种需要确定一个圆心点和一个圆弧曲线上的点。

2) 起点选项、端点选项和中点选项分别有自动判断、点、相切、半径和直径五种方式。其中，前面三种方式与直线创建时的操作方式完全相同，半径和直径方式则是通过输入相应数值来完成圆弧/圆的创建。

3) 选择对象中点的操作，平面选项、关联与否的定义和操作方式与直线创建时完全相同。

4) 勾选【整圆】选项，所创建出的曲线就是完整的圆，如图 6-9a 所示。不勾选该选项时，可通过角度输入的方式创建具有角度的圆弧，如图 6-9b 所示。

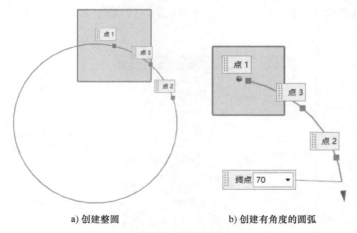

a) 创建整圆　　　　　　　　b) 创建有角度的圆弧

图 6-9　圆弧和圆

6.1.2　矩形/多边形

矩形与多边形特征命令是非参数化的命令，它隐藏于功能区【曲线】后的【更多】中。

1. 创建矩形

功能区选择【曲线】→【更多】→【曲线】→【▢矩形】特征命令，打开【点】对话框，通过创建矩形的两对角点，自动创建出矩形线框，如图 6-10 所示。

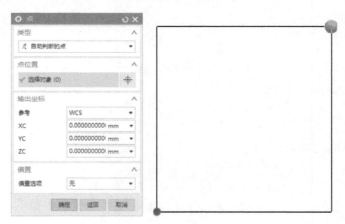

图 6-10　创建矩形

2. 创建多边形

功能区选择【曲线】→【更多】→【曲线】→【⬡多边形】特征命令，打开【多边形】对话框，如图 6-11 所示。

1）首先输入多边形的边数→单击【确定】按钮进入下一对话框。可以看到，创建多边的方式有内切圆半径、多边形边和外接圆半径三种方式。

2）内切圆半径和外接圆半径方式即确定多边形是内切于圆还是外接于圆，并输入内切圆或外接圆半径，单击【确定】按钮后可创建多边形，如图 6-12 所示。

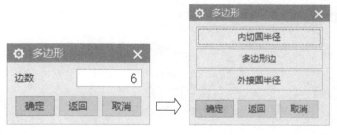

图6-11 【多边形】对话框

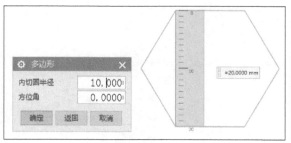

a) 内切圆半径方式

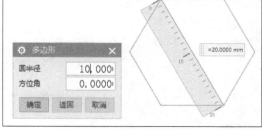

b) 外接圆半径方式

图6-12 内切圆半径与外接圆半径方式

3）多边形边方式是通过输入多边形的边长来创建多边形，如图6-13所示。

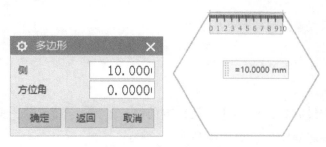

图6-13 多边形边方式

> 注：这里介绍的【矩形】、【多边形】命令是功能区中曲线工具中的命令，它们是非参数化的命令，利用这些命令建模会给后期修改带来不便。UG NX10.0中，草图特征命令中同样有矩形和多边形的创建方式，而且是全参数化的命令，所以通常选择在草图中创建。

6.1.3 螺旋线

螺旋线是通过定义圈数、螺距、半径方法（规律或恒定）、旋转方向和适当的方位创建的，其结果是样条曲线。

功能区选择【曲线】→【曲线】→【🎯 螺旋线】特征命令，打开【螺旋线】对话框，如图6-14所示。

1. 创建一般螺旋线

选择或者创建一个坐标系，按图6-14所示对话框，将螺旋线直径、螺距、螺纹长度和螺旋线的位置坐标等参数设置完成即可，生成的一般螺旋线如图6-15所示。

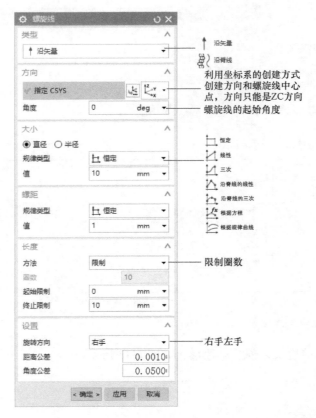

图 6-14 【螺旋线】对话框

图 6-15 一般螺旋线

2. 创建圆锥螺旋线

将创建一般螺旋线时对话框中【直径】下的规律类型选择为【线性】，输入起始值和终止值，创建圆锥螺旋线，如图 6-16 所示。

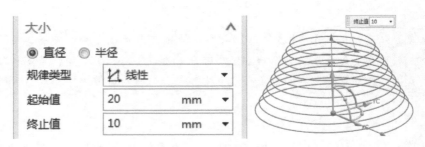

图 6-16 创建圆锥螺旋线

3. 创建弹簧螺旋线

在创建弹簧螺旋线之前，需要先在任一位置创建一条直线，将创建一般螺旋线时对话框中【螺距】下的规律类型选择为【沿脊线的线性】方式→选择脊线，选择提前绘制的任意直线→指定新的位置，选择直线上的 4 个点，点的位置分别按弧长百分比输入 0%、30%、70%、100%，输入各点的螺距分别为 0mm、3mm、3mm、0mm，设置完成后单击【确定】

按钮，完成弹簧螺旋线的创建，如图 6-17 所示。

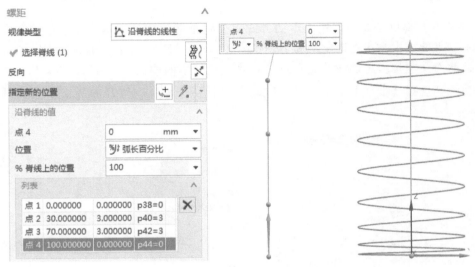

图 6-17　创建弹簧螺旋线

4. 创建环形螺旋线

在创建环形螺旋线之前，需要先创建一条圆形曲线，打开【螺旋线】对话框，类型选择为【沿脊线】→脊线选择为提前绘制的圆形曲线→直径大小为 10mm→螺距为 10mm→长度设为【限制】，将起始位置和终止位置改为【弧长百分比】，起始限制和终止限制分别为 0%、100%→单击【确定】按钮，完成环形螺旋线的创建，如图 6-18 所示。

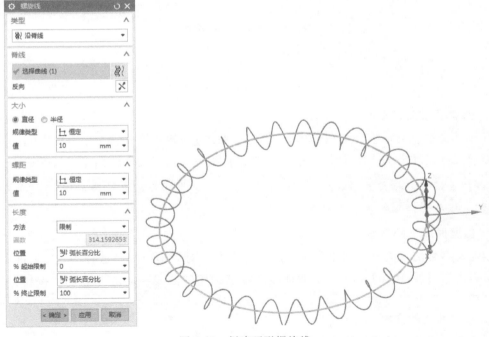

图 6-18　创建环形螺旋线

6.1.4 文本

UG NX10.0 提供了 3 种创建文本的方式，分别是平面创建文本、曲线创建文本、曲面创建文本。平面文本是指在固定平面上创建的文本；曲线文本是指创建的文本绕着曲线的形状生成；曲面文本是指将创建的文本投影到要创建文本的曲面上。在 UG NX10.0 中文本操作是：功能区选择【曲线】→【曲线】→【**A** 文本】特征命令，打开的【文本】对话框，如图 6-19 所示。

图 6-19 【文本】对话框

1. 创建平面上的文本

打开【文本】对话框→类型选择为【平面的】→输入文本内容【NX10.0】→锚点创建坐标系，打开【CSYS】对话框→单击【确定】按钮，完成文本的创建，如图 6-20 所示。

> 注：如果需要将文本创建在已有的平面上，需将【对象捕捉】中的【面上的点】方式打开，然后直接捕捉平面上的点即可。

2. 创建曲线上的文本

创建文本之前，需要先创建曲线→打开【文本】对话框→类型选择为【曲线上】→输入文本内容【NX10.0】→文本放置曲线选择已创建的曲线→单击【确定】按钮，完成文本的创建，如图 6-21 所示。

3. 创建面上的文本

创建文本之前，需要先创建曲面→打开【文本】对话框→类型选择为【面上】→输

图 6-20 创建平面上的文本

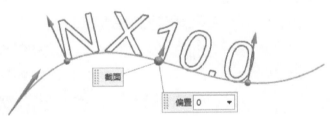

图 6-21 创建曲线上的文本

入文本内容【NX10.0】→文本放置面选择已创建的曲面→面上的位置选择【面上的曲线】→勾选【投影曲线】→单击【确定】按钮，完成文本的创建，如图 6-22 所示。

> 注：创建曲面上的文本时必须勾选【投影曲线】，否则创建出的文本不是贴在曲面上，如图 6-23 所示。

6.1.5 艺术样条

艺术样条曲线是指关联或非关联的样条曲线，在创建艺术样条曲线的过程中，可以指定样条曲线定义点的斜率，也可以拖动样条曲线的定义点或极点。在实际设计过程中，艺术样条曲线多用于数字化绘图或动画设计，相比一般样条曲线而言，它由更多的定义点生成。

功能区选择【曲线】→【曲线】→【 艺术样条】特征命令，打开【艺术样条】对话框，如图 6-24 所示。

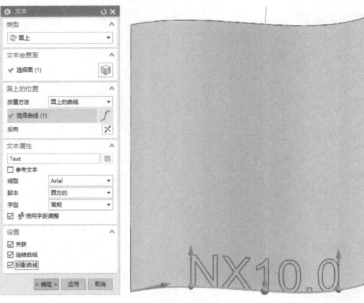

图 6-22　创建面上的文本

图 6-23　未勾选【投影曲线】创建的文本

图 6-24　【艺术样条】对话框

1. 通过点方式下创建艺术样条曲线

打开【艺术样条】对话框→类型选择为【～通过点】→打开【点】对话框，输入图 6-25 所示点的坐标→参数化次数改为【3】→单击【确定】按钮，完成艺术样条的创建。

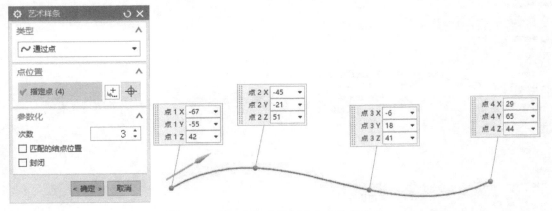

图 6-25　通过点方式下创建艺术样条曲线

2. 根据极点方式下创建艺术样条曲线

打开【艺术样条】对话框→类型选择为【～根据极点】→打开【点】对话框，输入图 6-26 所示极点的坐标→参数化次数改为【3】→单击【确定】按钮，完成艺术样条曲线的创建。

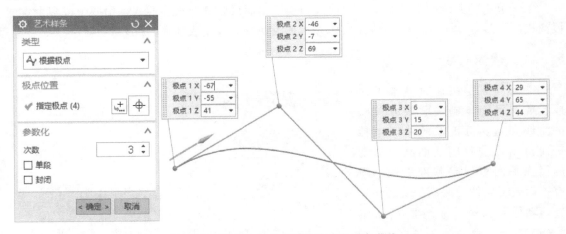

图 6-26　根据极点方式下创建艺术样条曲线

6.1.6　曲面上的曲线

曲面上的曲线命令是指在一个曲面上绘制样条曲线；曲线是"躺"在所选择的曲面上的，所选择曲面可以是多个；从某种意义上讲，该命令等同于在一个平面上创建样条曲线，再把该曲线投影到所期望的曲面上。

功能区选择【曲线】→【曲线】→【　曲面上的曲线】命令，打开【曲面上的曲线】对话框，如图 6-27 所示。

如图 6-28 所示，打开【曲面上的曲线】对话框，任意单击选择五个曲面上的点，单击【确定】按钮，完成曲线的创建。

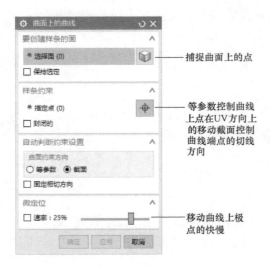

捕捉曲面上的点

等参数控制曲线上点在UV方向上的移动截面控制曲线端点的切线方向

移动曲线上极点的快慢

图 6-27 【曲面上的曲线】对话框

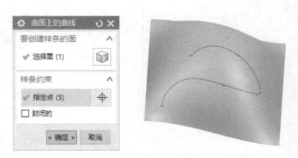

图 6-28 创建曲面上的曲线

6.2 派生曲线

上一节中的曲线创建都是从没有曲线到创建出曲线，甚至很多曲线是由两个或多个点连接而成的曲线。本节中介绍的特征操作方式是由现有曲线生成新的曲线。

6.2.1 镜像曲线

镜像曲线是指通过基准平面或者现有平面复制关联或非关联的曲线和边。可镜像的曲线包括任何封闭或非封闭的曲线，选定的镜像平面可以是基准平面、现有平面或者实体的表面等类型。

功能区选择【曲线】→【派生曲线】→【📐 镜像曲线】特征命令，打开【镜像曲线】对话框，如图 6-29 所示。

打开【镜像曲线】对话框→曲线选择为曲面上的曲线→镜像平面选择为【新平面】→指定平面

有【现有平面】和【新平面】两种方式，现有平面方式下可选现有的任意基准平面、一般平面、实体表面；新平面方式下可随时创建新的基准平面

可选择是否保留原有曲线

图 6-29 【镜像曲线】对话框

选择为曲面，软件自动生成与曲面相切的基准平面→单击【确定】按钮，完成曲线的镜像，如图 6-30 所示。

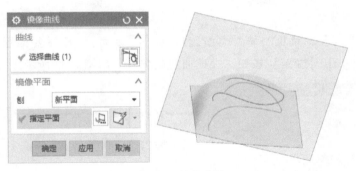

图 6-30　镜像曲线

6.2.2　偏置曲线

偏置曲线是指对已有的二维曲线（如直线、圆弧、二次曲线、样条曲线以及实体的边缘线等）进行偏置，得到新的曲线。在偏置时，可以选择是否使偏置曲线与原曲线保持关联，以使偏置生成的曲线随原曲线变化而改变。多条曲线只有位于连续线串中时才能偏置，生成的曲线对象类型与其输入曲线相同。

功能区选择【曲线】→【派生曲线】→【　偏置曲线】特征命令，打开【偏置曲线】对话框，如图 6-31 所示。

图 6-31　【偏置曲线】对话框

1. 距离方式下偏置曲线

打开【偏置曲线】对话框→偏置类型选择【⊞⊞距离】→选择要偏置的曲线→输入偏置距离为20mm→单击【确定】按钮，完成曲线的偏置，如图6-32所示。

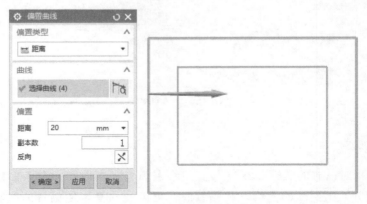

图6-32　距离方式下偏置曲线

2. 拔模方式下偏置曲线

打开【偏置曲线】对话框→偏置类型选择【⊅拔模】→选择要偏置的曲线→输入偏置高度为20mm，角度为30°，副本数为2→单击【确定】按钮，完成曲线的偏置，如图6-33所示。

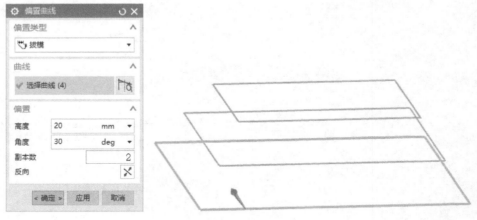

图6-33　拔模方式下偏置曲线

3. 规律控制方式下偏置曲线

打开【偏置曲线】对话框→偏置类型选择【⊾规律控制】→选择一条要偏置的直线→选择一个点（通过一个点与一条直线确定偏置的平面）→规律类型选择【⊾线性】→输入偏置起点偏置20mm，终点偏置100mm→单击【确定】按钮，完成曲线的非等距偏置，如图6-34所示。

4. 3D 轴向方式下偏置曲线

打开【偏置曲线】对话框→偏置类型选择【⊵3D 轴向】→选择要偏置的曲线→输入偏

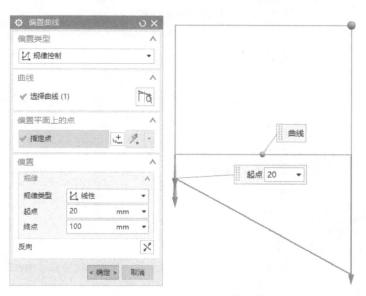

图 6-34　规律控制方式下偏置曲线

置距离为 20mm→指定方向为-YC 方向→勾选【高级曲线拟合】→更改次数为 3→单击【确定】按钮，完成曲线的偏置，如图 6-35 所示。

图 6-35　3D 轴向方式下偏置曲线

6.2.3　投影曲线

投影曲线是将曲线、边和点投影到片体、面和基准平面上。投影方向可以指定为矢量、点、面的法向或者与它们成一角度。

功能区选择【曲线】→【派生曲线】→【投影曲线】命令，打开【投影曲线】对话框，如图 6-36 所示。

要投影的对象可以是片体、面和基准平面

投影方向有沿面的法向、朝向点、朝向直线、沿矢量和与矢量成角度等

如投影面上有间隙，勾选此选项后会将间隙处的曲线连接起来

是否参数化建模

可选择是否保留原有曲线

图 6-36 【投影曲线】对话框

1. 沿面的法向方式下投影曲线

打开【投影曲线】对话框→要投影的曲线或点选择长方形的 4 条边→要投影的对象选择锥形曲面→投影方向选择【沿面的法向】方式→单击【确定】按钮，完成曲线的法向投影，如图 6-37 所示。

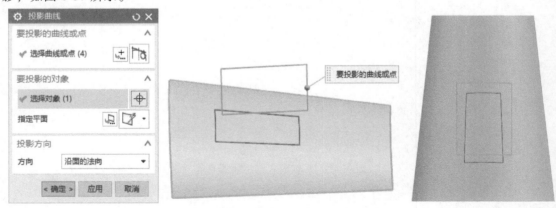

要投影的曲线或点

图 6-37 沿面的法向方式下投影曲线

2. 朝向点方式下投影曲线

打开【投影曲线】对话框→要投影的曲线或点选择长方形的 4 条边→要投影的对象选择锥形曲面→投影方向选择【朝向点】方式→指定点选择直线中点→单击【确定】按钮，完成曲线的投影，如图 6-38 所示。

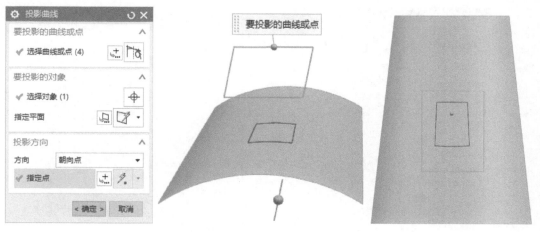

图 6-38　朝向点方式下投影曲线

3. 朝向直线方式下投影曲线

打开【投影曲线】对话框→要投影的曲线或点选择长方形的 4 条边→要投影的对象选择锥形曲面→投影方向选择【朝向直线】方式→选择已存在的直线→单击【确定】按钮，完成曲线的投影，如图 6-39 所示。

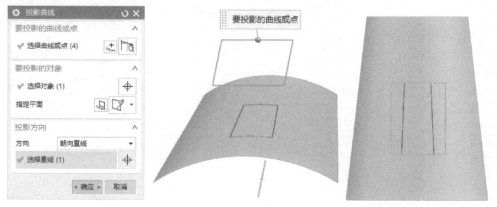

图 6-39　朝向直线方式下投影曲线

4. 沿矢量方向方式下投影曲线

打开【投影曲线】对话框→要投影的曲线或点选择长方形的 4 条边→要投影的对象选择锥形曲面→投影方向选择【沿矢量】方式→指定矢量为–ZC→单击【确定】按钮，完成曲线的投影，如图 6-40 所示。

5. 与矢量成角度方式下投影曲线

打开【投影曲线】对话框→要投影的曲线或点选择长方形的 4 条边→要投影的对象选择锥形曲面→投影方向选择【与矢量成角度】方式→指定矢量为–ZC→与矢量成角度为 10°→单击【确定】按钮，完成曲线的投影，如图 6-41 所示。

注：图 6-41 所示对话框中未勾选【创建曲线以桥接缝隙】。如果勾选，会将投影得到的 4 条曲线连接起来，但始终不能封闭，如图 6-42 所示。

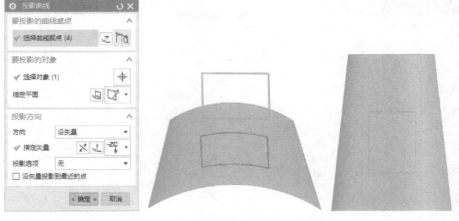

图 6-40　沿矢量方向方式下投影曲线

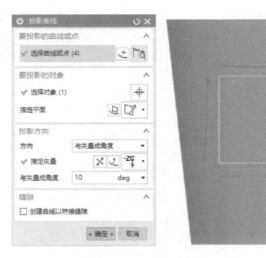

图 6-41　与矢量成角度方式下投影曲线

图 6-42　勾选【创建曲线以桥接
缝隙】得到的投影曲线

6.2.4　组合投影

组合投影命令的作用是将两条现有曲线沿各自的投影方向投影后相交获得一条新的曲线，常用于将两条 2D 的曲线通过组合投影生成 3D 空间曲线。

功能区选择【曲线】→【派生曲线】→【 组合投影】特征命令，打开【组合投影】对话框，如图 6-43 所示。

打开【组合投影】对话框→依次选择投影曲线 1、2→投影方向自动跳转到【 垂直于曲线平面】→单击【确定】按钮，完成两条曲线的组合投影，如图 6-44 所示。

6.2.5　桥接曲线

桥接曲线的作用是把所选择的两个对象通过光顺的曲线连接起来，或者创建关于一个基

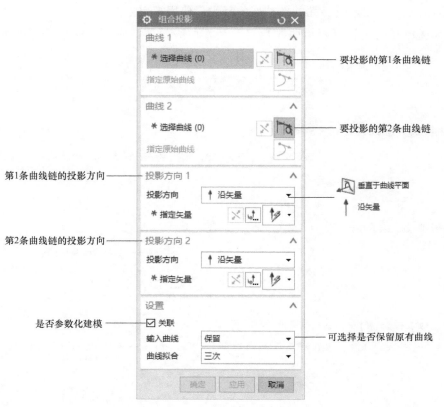

图 6-43 【组合投影】对话框

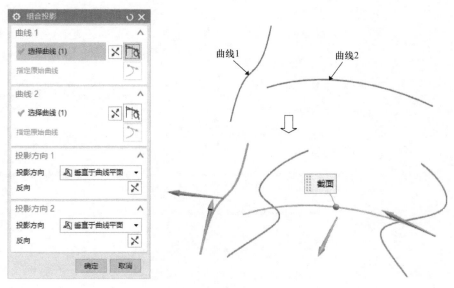

图 6-44 组合投影

准面的对称光顺曲线。曲线可以通过各种形式控制，主要用于创建两条曲线间的圆角相切曲线。桥接曲线按照用户指定的连续条件、连接部位和方向来创建，其光顺度可以控制。此命令在做曲面造型中应用广泛，尤其在补面的时候，使用频率更高。

功能区选择【曲线】→【派生曲线】→【桥接曲线】特征命令，打开【桥接曲线】对话框，如图 6-45 所示。

图 6-45 【桥接曲线】对话框

打开【桥接曲线】对话框→依次选择起始截面和终止截面→【开始】与【结束】选项中的连续性选择为【G1（相切）】，位置设为【弧长百分比】，其值为 0%→单击【确定】按钮，完成两条曲线之间的曲线桥接，如图 6-46 所示。

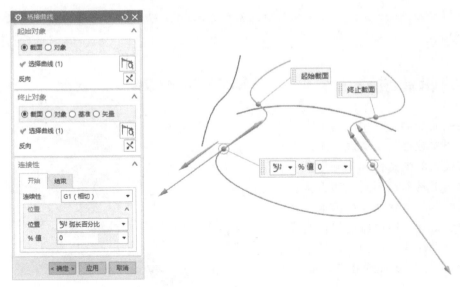

图 6-46　桥接曲线

6.2.6　缠绕/展开曲线

使用缠绕/展开曲线功能可将曲线从一个平面缠绕到一个圆柱面或圆锥面上，或者从圆锥面或圆柱面展开到一个平面上。使用缠绕选项时需要一条曲线集，一个与圆柱面或圆锥面相切的平面，且曲线集必须在相切的平面上，否则需先投影到平面后再进行缠绕。

功能区选择【曲线】→派生曲线→单击工具栏中倒三角图标▼→选择【　缠绕/展开曲线】特征命令，打开【缠绕/展开曲线】对话框，如图 6-47 所示。

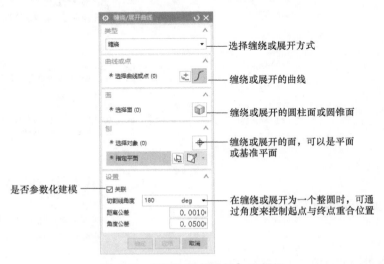

图 6-47　【缠绕/展开曲线】对话框

打开【缠绕/展开曲线】对话框→类型选择【缠绕】方式→曲线或点选择截面曲线→面选择圆柱表面→刨选择相切基准平面→单击【确定】按钮，完成曲线的缠绕，如图6-48所示。

注：【缠绕/展开曲线】只能在圆柱或圆锥表面上执行，其他异形曲面上是无法使用该功能的。

6.3 编辑曲线

在绘制曲线的过程中，由于大多数曲线属于非参数性自由曲线，所以在空间中具有较大的随意性和不确定性。利用绘制曲线工具远远不能创建出符合设计要求的曲线，这就需要利用本节介绍的编辑曲线工具，用户通过编辑曲线来创建出符合设计要求的曲线，具体包括编辑曲线参数、修剪曲线和光顺曲线等。

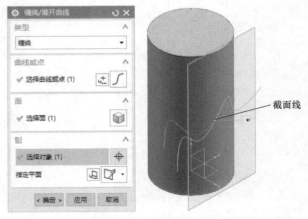

图 6-48　缠绕曲线

6.3.1 修剪曲线

修剪曲线是指通过曲线、边缘、平面、表面、点或屏幕位置等工具调整曲线的端点，延长或修剪直线、圆弧、二次曲线或样条曲线等。

功能区选择【曲线】→【编辑曲线】→【✎ 修剪曲线】特征命令，打开【修剪曲线】对话框，如图 6-49 所示。

图 6-49　【修剪曲线】对话框

1. 单一边界下修剪曲线

打开【修剪曲线】对话框→要修剪的曲线选择直线→边界对象 1 选择圆弧曲线→输入曲线选择【隐藏】方式→单击【确定】按钮，完成直线的修剪，如图6-50所示。

注：在选择要修剪的曲线时，用鼠标单击的部位为默认的被修剪掉的部位，除非将要修剪的端点的默认方式【开始】改为【结束】。

2. 双边界下修剪曲线

打开【修剪曲线】对话框→要修剪的曲线选择直线→边界对象依次选择两段圆弧曲线→输入曲线选择【隐藏】方式→单击【确定】按钮，完成直线的修剪，如图 6-51 所示。

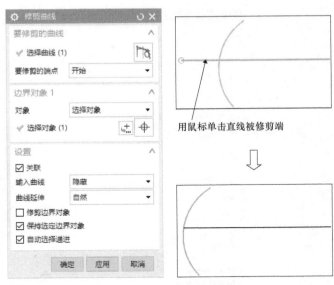

用鼠标单击直线被修剪端

图 6-50 单一边界下修剪直线

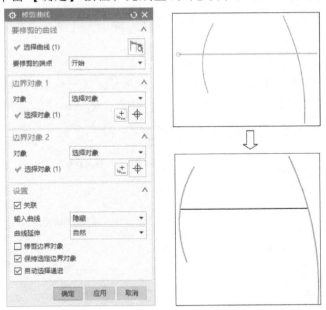

图 6-51 双边界下修剪直线

注：与单一边界下的修剪操作相同，用鼠标单击的部位为被修剪掉的部位。

3. 相互修剪

打开【修剪曲线】对话框，如图 6-52 所示，依次选择要修剪的曲线、边界 1 和边界2→输入曲线选择【隐藏】方式→勾选【修剪边界对象】→单击【确定】按钮，完成曲线的相互修剪。

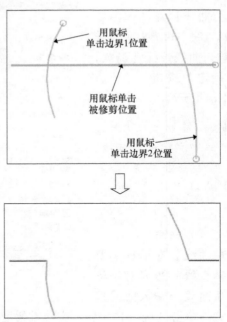

图 6-52　相互修剪

4. 延伸曲线

打开【修剪曲线】对话框，如图 6-53 所示，依次选择要修剪的曲线和边界 1→设置选项中输入曲线选择【隐藏】方式→单击【确定】按钮，完成曲线的延伸。

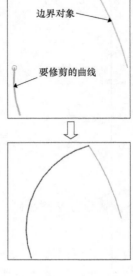

图 6-53　延伸曲线

6.3.2 分割曲线

利用【分割曲线】特征命令可将曲线分割为一组相同的分段（线到线、圆弧到圆弧），所创建的每个分段都是单独的（非关联）曲线，并且与原始曲线使用相同的线性和图层。

功能区选择【曲线】→【更多】→【编辑曲线】→【 $\int$ 分割曲线】特征命令，打开【分割曲线】对话框，如图6-54所示。

图6-54 【分割曲线】对话框

1. 按等分段分割曲线

打开【分割曲线】对话框→类型选择【 f 等分段】→选择要分割的曲线→分段长度选择【等参数】方式→输入段数为3→单击【确定】按钮，将曲线分为3段，如图6-55所示。

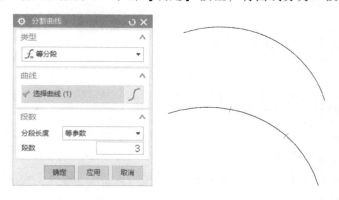

图6-55 按等分段分割曲线

2. 按边界对象分割曲线

打开【分割曲线】对话框→类型选择【 $\int$ 按边界对象】→选择要分割的曲线→对象选择【现有曲线】→依次选择第一分割边界、第一分割交点、第二分割边界和第二分割交点→单击【确定】按钮，将曲线分为3段，如图6-56所示。

3. 按弧长段数分割曲线

打开【分割曲线】对话框→类型选择【 $\int$ 弧长段数】→选择要分割的曲线→输入弧长为40mm→单击【确定】按钮，将曲线分为4段，如图6-57所示。

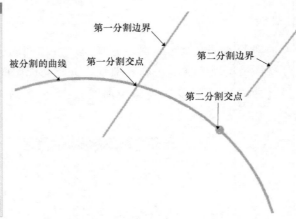

图 6-56　按边界对象分割曲线

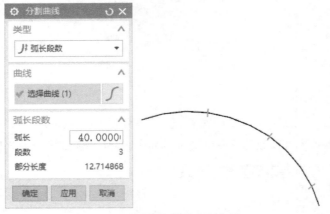

图 6-57　按弧长段数分割曲线

注：由于此曲线是随意画的，故只能在原曲线上分出 3 段弧长为 40mm 的曲线，剩下的那一段尺寸则不足 40mm。

4. 按在结点处分割曲线

打开【分割曲线】对话框→类型选择【 在结点处】→选择要分割的曲线→方法选择【所有结点】→单击【确定】按钮，将曲线分为 5 段，如图 6-58 所示。

图 6-58　按在结点处分割曲线

注：按【在结点处】分割方式只能分割样条曲线，样条创建时的结点是作为样条分段的唯一分割段点。

6.3.3　曲线长度

曲线长度命令的作用是根据给定的曲线长度增量或曲线总长来延伸或修剪曲线。在功能区选择【曲线】→【编辑曲线】→【ＪＤ曲线长度】特征命令，打开【曲线长度】对话框，如图6-59所示。

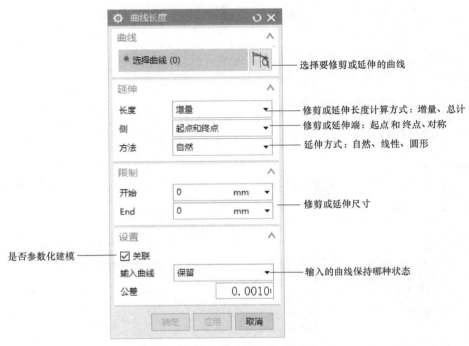

图6-59　【曲线长度】对话框

打开【曲线长度】对话框→选择要延长的曲线→延伸长度选择【增量】方式→限制输入开始为40mm→输入曲线选择【隐藏】方式→单击【确定】按钮，完成曲线的延伸，如图6-60所示。

注：利用曲线长度命令可延长曲线，也可修剪曲线的两端。

6.3.4　光顺样条

光顺样条命令的作用是通过最小化曲率大小或曲率变化来移除样条中的小缺陷。功能区选择【曲线】→【编辑曲线】→【 光顺样条】特征命令，打开【光顺样条】对话框，如图6-61所示。

功能区选择【分析】→【选择曲线】→【 显示曲率梳】特征命令→功能区选择【曲线】→【编辑曲线】→【光顺样条】命令→类型选择【 曲率变化】→选择要光顺的曲线→调整光顺

因子至【100】处→结果显示调整后的最大偏差为 0.43924mm→单击 【确定】 按钮，完成曲线的光顺，如图 6-62 所示。

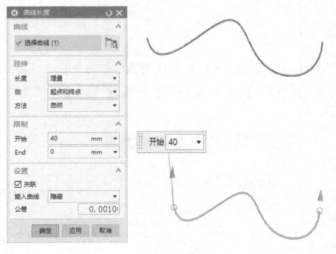

图 6-60　曲线延伸

图 6-61　【光顺样条】 对话框

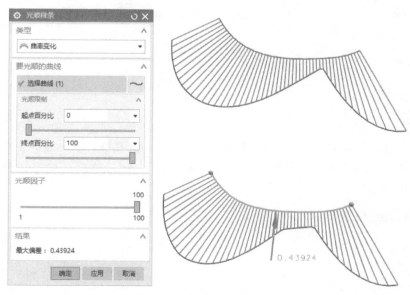

图 6-62 样条曲线的光顺

下面将通过一系列的自由曲面设计应用任务,来学习和巩固自由建模命令、应用场合以及它们的操作技巧等。这些任务将各种知识点进行融合,使读者了解 UG NX 自由曲面建模的强大功能,并能方便完整地完成简单的自由曲面的建模与编辑。

6.4 任务引入——风扇基座的建模

完成图 6-63 所示风扇基座的建模。

6.4.1 任务分析

首先画出风扇基座的底座,然后绘制风扇调控档位孔,再创建风扇支架立柱,最后完成基座螺钉柱位,如图 6-64 所示。

6.4.2 主要知识点

本任务中将学习以下建模命令的使用方法和一般步骤:

图 6-63 风扇基座

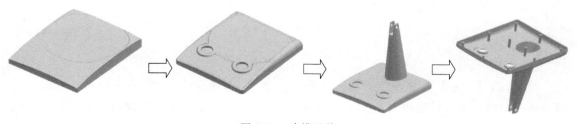

图 6-64 建模思路

➡ 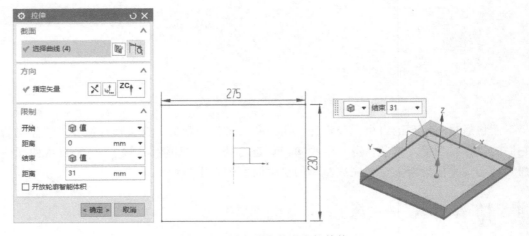 扫掠 ➡ 通过曲线组

➡ 边倒圆 ➡ 垫块

➡ 直线

6.4.3　任务实施

1. 创建风扇基座的底座

1) 选择【拉伸】特征命令，弹出【拉伸】对话框→选择 XY 平面为草绘平面，绘制底座草图→指定矢量为 ZC 轴→限制选项输入结束距离为 31mm→单击【确定】按钮，完成底座的拉伸，如图 6-65 所示。

图 6-65　风扇基座的底座拉伸体

2) 基于底座实体，以实体外形侧面为草绘平面，绘制图 6-66 所示的扫掠体草图曲线。

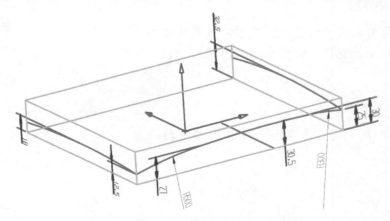

图 6-66　扫掠体草图曲线

3) 选择【扫掠】特征命令，弹出【扫掠】对话框→截面选择图 6-66 中两相对面上的两条草图曲线→引导线选择图 6-66 中第三条草图曲线→单击【确定】按钮，完成扫掠体的创建，如图 6-67 所示。

图 6-67 创建扫掠体

4）选择【修剪体】特征命令，弹出【修剪体】对话框→目标选择拉伸实体→工具选择扫掠曲面→单击【确定】按钮，完成底座修剪，如图 6-68 所示。

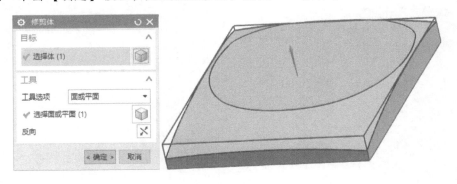

图 6-68 底座修剪

2．创建风扇调控档位孔

（1）绘制档位孔草图 以 XY 平面为草绘平面，绘制图 6-69 所示档位孔草图。

（2）创建档位孔拉伸体

1）选择【拉伸】特征命令，弹出【拉伸】对话框→选择图 6-69 所示的草图为拉伸截面→指定矢量为 ZC 轴→限制选项输入结束距离为 31mm→布尔选项选择【求和】，选择底座为工具对象→单击【确定】按钮，完成档位孔拉伸体 1 的创建，如图 6-70 所示。

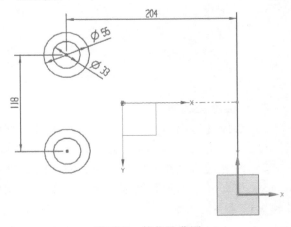

图 6-69 档位孔草图

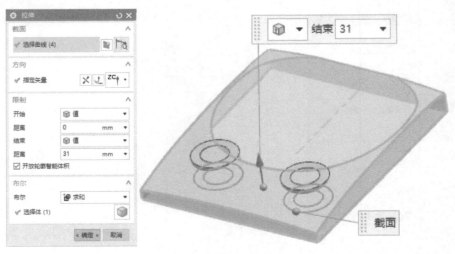

图 6-70　创建档位孔拉伸体 1

2）重复【拉伸】特征命令，弹出【拉伸】对话框→以图 6-69 草图中 φ33mm 圆为拉伸截面→指定矢量为 ZC 轴→限制选项输入开始距离为 26mm，结束距离为 31mm→布尔选项选择【求差】，选择底座为工具对象→单击【确定】按钮，完成档位孔拉伸体 2 的创建，如图 6-71 所示。

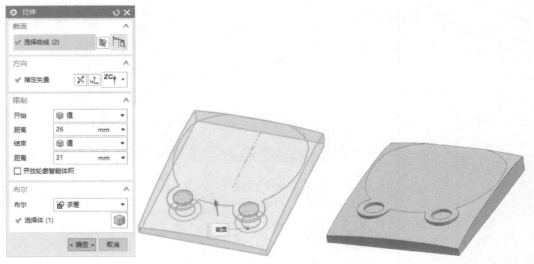

图 6-71　创建档位孔拉伸体 2

3. 创建底座圆角

1）选择【边倒圆】特征命令，弹出【边倒圆】对话框→选择图 6-72 所示的轮廓边→输入半径 1 为 10mm，半径 2 为 50mm→单击【确定】按钮，完成底座圆角 1 的创建。

2）重复【边倒圆】特征命令，完成图 6-73 所示轮廓边的倒圆角。

3）重复【边倒圆】特征命令，弹出【边倒圆】对话框→选择图 6-74 所示底座上表面外轮廓边缘→输入半径 1 为 5mm→选择图中四个位置为可变半径点，分别输入 V 半径 1 为 5mm，V 半径 2 为 20mm，V 半径 3 为 20mm，V 半径 4 为 5mm→单击【确定】按钮，完成

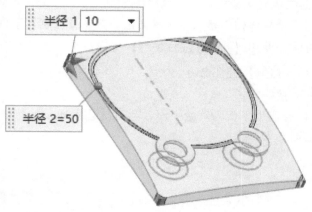

图 6-72 创建底座圆角 1

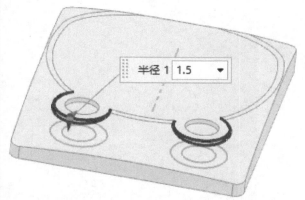

图 6-73 创建底座圆角 2

底座圆角 3 的创建。

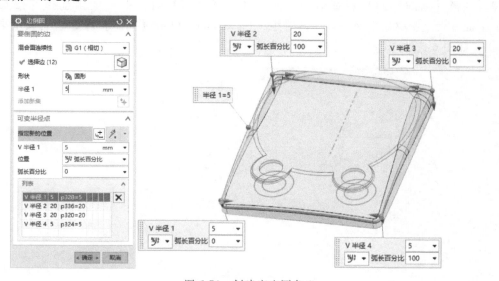

图 6-74 创建底座圆角 3

4. 创建风扇支架立柱

风扇支架立柱的创建采用三种方法，其主要区别在于创建立柱主体实体时所选用的特征命令。方法一使用【通过曲线组】特征命令，方法二使用【垫块】特征命令，方法三使用【扫掠】特征命令。

（1）方法一

1）以底座上平面为草绘平面，利用【艺术样条】特征命令绘制风扇支架立柱底部样条曲线，如图 6-75 所示。

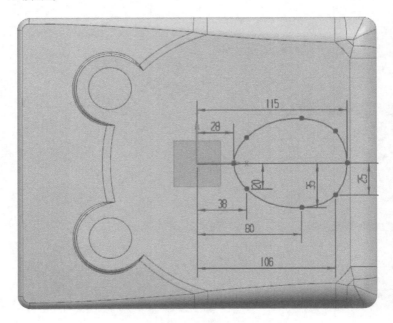

图 6-75　风扇支架立柱底部样条曲线

2）选择【基准平面】特征命令，弹出【基准平面】对话框→类型选择【按某一距离】→平面参考选择 XY 平面→输入偏置距离为 263mm→单击【确定】按钮，完成基准平面的创建，如图 6-76 所示。

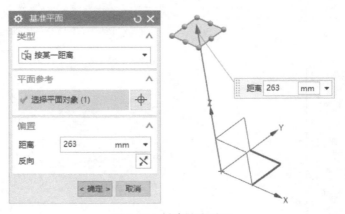

图 6-76　创建基准平面

3）以图 6-76 所示基准平面为草绘平面，利用【艺术样条】特征命令绘制风扇支架立柱顶部样条曲线，如图 6-77 所示。

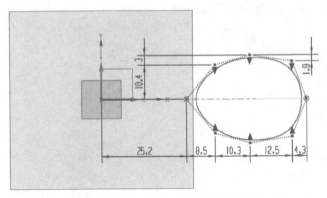

图 6-77　风扇支架立柱顶部样条曲线

4）功能区选择【曲面】→【曲面】→【　通过曲线组】特征命令，弹出【通过曲线组】对话框→截面选择图 6-75 和图 6-77 所示两条草图曲线→单击【确定】按钮，完成风扇支架立柱主体的创建，如图 6-78 所示。

注：截面选择时，只有先选择一个草图曲线，然后单击【添加新集】图标或 MB2，才能选择下一个草图曲线。

5）以 XZ 平面为草绘平面，绘制风扇支架立柱顶部拉伸体截面线，如图 6-79 所示。

图 6-78　创建风扇支架立柱主体

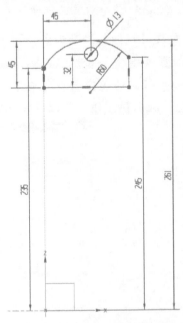

图 6-79　立柱顶部拉伸体截面线

6）选择【拉伸】特征命令，弹出【拉伸】对话框→截面选择图 6-79 所示草图曲线→指定矢量为 YC 轴→限制选项选择【　对称值】方式，输入结束距离为 8mm→布尔运算求差，选择风扇支架立柱主体实体为选择体→单击【确定】按钮，完成风扇支架立柱主体的修剪，如图6-80所示。

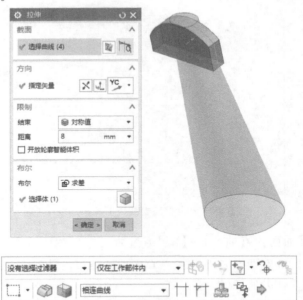

图6-80　风扇支架立柱主体修剪（一）

注：截面选择时需在选择意图曲线规则条中选取【相连曲线】。

7）重复【拉伸】特征命令，弹出【拉伸】对话框→截面选择图6-79所示草图曲线中 φ13mm 的圆→指定矢量为 YC 轴→限制选项选择【对称值】方式，输入结束距离为37mm→勾选【开放轮廓智能体积】→布尔运算求差，选择风扇支架立柱主体实体为选择体→单击【确定】按钮，完成风扇支架立柱主体的修剪，如图6-81所示。

图6-81　风扇支架立柱主体修剪（二）

8）选择【边倒圆】特征命令，弹出【边倒圆】对话框→选择图6-82所示的轮廓边→输入半径1为3.5mm→单击【确定】按钮，完成立柱圆角的创建。

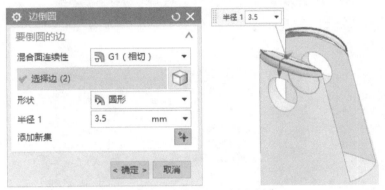

图6-82 风扇支架立柱圆角创建

9）选择【求和】特征命令，弹出【合并】对话框→目标选择风扇支架立柱→工具选择底座→单击【确定】按钮，完成布尔运算求和，如图6-83所示。

图6-83 布尔运算求和

（2）方法二 功能区选择【主页】→【特征】→【更多】→【设计特征】→【🔲垫块】特征命令，弹出【垫块】对话框→单击【常规】，弹出【常规垫块】对话框→选择步骤首先单击【🔘放置面】，选择图6-84所示的放置面→再单击【🔘放置面轮廓】方式，选择图6-75所示的样条曲线，即图中放置面轮廓曲线→单击【🔘顶面】方式，输入偏置为232mm→单击【🔘顶部轮廓曲线】，选择图6-77所示的样条曲线，即图中所指顶部轮廓曲线→连续两次单击【确定】按钮，完成风扇支架立柱主体的创建。

（3）方法三

1）功能区选择【曲线】→【曲线】→【✏直线】特征命令，弹出【直线】对话框→起点选项选择【✛点】方式，选择图6-85所示风扇支架立柱主体大端截面曲线上的点→终点单击🔲图标，弹出【点】对话框→类型选择【✛交点】→曲线、曲面或平面选择XZ平面→要相交的曲线选择风扇支架立柱主体小端截面曲线→连续两次单击【确定】按钮，完成引导线1的创建。

注：在选择风扇支架立柱主体大端截面曲线上的点时，需将对象捕捉中的【现有点】方式打开。

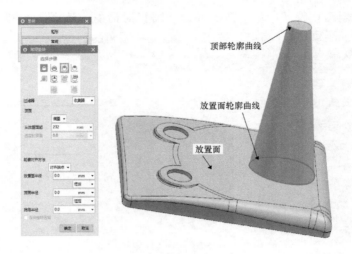

图 6-84　创建风扇支架立柱主体

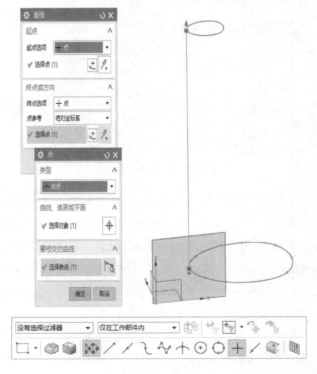

图 6-85　创建引导线 1

2）重复【✐直线】特征命令，弹出【直线】对话框→起点选项选择【✛点】方式，选择图 6-86 所示风扇支架立柱主体大端截面曲线上的点→终点单击 ↿ 图标，单出【点】对话框→类型选择【✦交点】方式→曲线、曲面或平面选择 XZ 平面→要相交的曲线选择风扇支架立柱主体小端截面曲线→连续两次单击【确定】按钮，完成引导线 2 的创建。

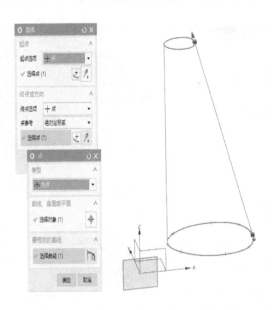

图 6-86 创建引导线 2

3）选择【扫掠】特征命令，弹出【扫掠】对话框→截面分别选择方法一中创建的两条截面草图曲线→引导线选择方法三中创建的两条引导曲线→单击【确定】按钮，完成风扇支架主体的创建，如图 6-87 所示。

图 6-87 创建风扇支架立柱主体

5. 创建风扇基座抽壳

选择【抽壳】特征命令，弹出【抽壳】对话框→类型选择【移除面，然后抽壳】→要穿透的面选择风扇基座底面→输入厚度为 1mm→单击【确定】按钮，完成风扇基座底座抽壳，如图 6-88 所示。

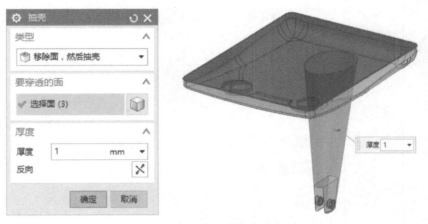

图 6-88　风扇基座底座抽壳

6. 创建风扇调控档位通孔

选择【拉伸】特征命令，弹出【拉伸】对话框→选择图 6-89 所示风扇调控档位孔的轮廓边→指定矢量为 -ZC 轴→限制选项输入结束距离为 37mm→布尔选项选择【求差】，选择底座为工具对象→偏置输入结束距离为 -6.5mm→单击【确定】按钮，完成档位通孔拉伸。

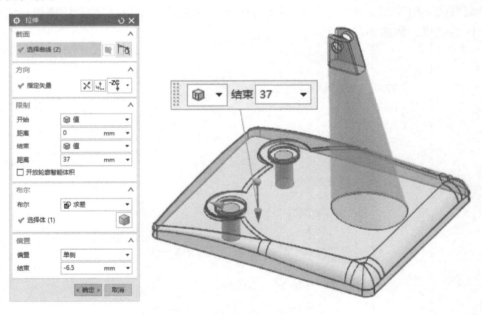

图 6-89　档位通孔拉伸

7. 创建基座螺钉柱位

选择【拉伸】特征命令，弹出【拉伸】对话框→选择 XY 平面为草绘平面，绘制草图→指定矢量为 ZC 轴→限制选项输入【直至下一个】→布尔选项选择【求和】，选择底座为工具对象→单击【确定】按钮，完成基座螺钉柱位的创建，如图 6-90 所示。

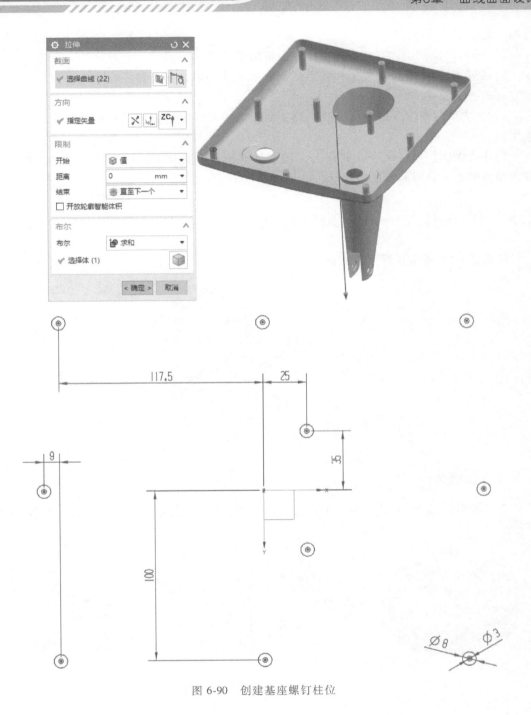

图 6-90 创建基座螺钉柱位

6.4.4 小结

本任务中主要以非规律曲面创建为重点，故在两处曲面的创建中采用多种创建方法来进行比较说明，总结如下：

1）【扫掠】特征命令的截面线与引导线可选择一条或多条，可根据曲面的复杂程度进行曲线的创建。

2）样条曲线的创建方式有通过点和根据极点两种。

3）新介绍了【通过曲线组】曲面特征命令和【垫块】实体特征命令，对简单曲面的创建方法进行了对比。

4）在非草图环境下应用【直线】特征命令完成曲线的创建，以及对象捕捉工具的简单使用。

5）【边倒圆】特征命令功能强大，特别是本任务中所介绍的可变半径方式，可达到将圆角曲面创建为异形曲面的效果。

6.5 任务引入——风扇叶的建模

完成图 6-91 所示风扇叶的建模。

图 6-91　风扇叶

6.5.1　任务分析

首先画出风扇叶中心主体，然后绘制加强筋，最后完成风扇叶片的创建，如图 6-92 所示。

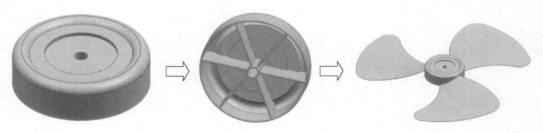

图 6-92　建模思路

6.5.2　主要知识点

本任务中将学习以下建模命令的使用方法和一般步骤：

➡ 🔲N 边曲面　　　　　　　　　　➡ ╱直线

➡ 🔲加厚　　　　　　　　　　　　➡ 🔲投影曲线

➡ 移动面　　　　　　　　➡ 在面上偏置

➡ 填充曲面

6.5.3　任务实施

1. 创建风扇叶中心主体

（1）方法一

1）选择【旋转】特征命令，弹出【旋转】对话框→以 XZ 平面为草绘平面，绘制主体草图→指定矢量为 ZC 轴，指定点为坐标原点→限制选项输入结束角度为 360°→单击【确定】按钮，完成主体的旋转，如图 6-93 所示。

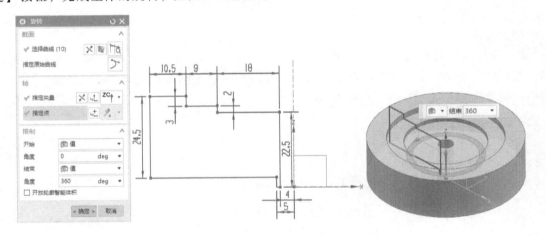

图 6-93　主体旋转

2）选择【边倒圆】特征命令，弹出【边倒圆】对话框→选择图 6-94 所示轮廓边→输入半径 1 为 5.5mm→单击【确定】按钮，完成主体圆角的创建。

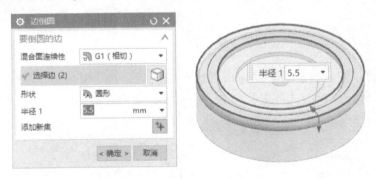

图 6-94　创建主体圆角

3）选择【抽壳】特征命令，弹出【抽壳】对话框→类型选项选择【移除面，然后抽壳】→要穿透的面选择主体底面→输入厚度为 1mm→单击【确定】按钮，完成主体抽壳，如图 6-95 所示。

图 6-95　主体抽壳

（2）方法二

1）选择【旋转】特征命令，弹出旋转对话框→以 XZ 平面为草绘平面，绘制主体草图→指定矢量为 ZC 轴，指定点为坐标原点→限制选项输入结束角度为 360°→单击【确定】按钮，完成主体曲面的旋转，如图 6-96 所示。

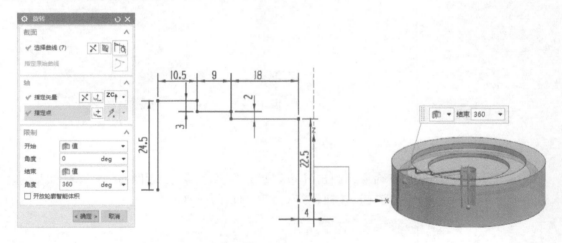

图 6-96　主体曲面旋转

2）选择【边倒圆】特征命令，弹出【边倒圆】对话框→选择图 6-97 所示的轮廓边→输入半径 1 为 5.5mm→单击【确定】按钮，完成主体曲面圆角的创建。

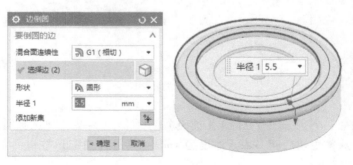

图 6-97　创建主体曲面圆角

3）功能区选择【主页】→【特征】→【更多】→【偏置/缩放】→【 加厚】特征命令，弹出【加厚】对话框→面选择主体曲面→厚度选项输入偏置 2 为 1mm→单击【确定】按钮，完成主体曲面的加厚，如图 6-98 所示。

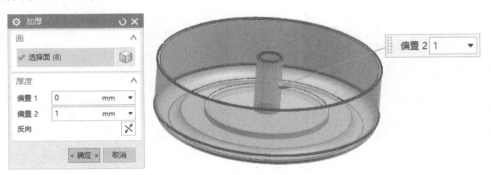

图 6-98 主体曲面加厚

2. 创建加强筋

选择【拉伸】特征命令，弹出【拉伸】对话框→以 XY 平面为草绘平面，绘制加强筋草图→指定矢量为 ZC 轴→限制选项输入开始距离为 3mm，结束选择【直至下一个】方式→布尔选项选择【求和】，选择体为主体→偏置选择【对称】方式，输入结束距离为 1mm→单击【确定】按钮，完成拉伸，如图 6-99 所示。

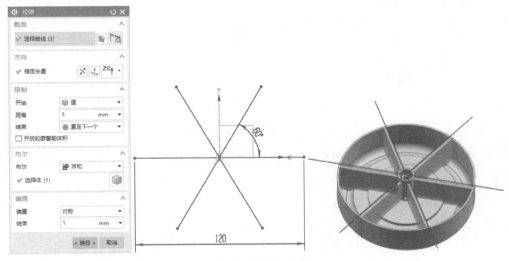

图 6-99 创建加强筋

3. 创建风扇叶片

风扇叶片的曲面创建采用【 填充曲面】或【 N 边曲面】命令，创建方法如下：

（1）方法一

1）以 XY 平面为草绘平面，绘制风扇叶外形草图，如图 6-100 所示。

2）选择【 直线】特征命令，弹出【直线】对话框→起点选项选择【 点】方式，选择如图 6-101 所示的端点→终点选项选择【ZC 沿 ZC】方式→输入终点距离为 15mm→单

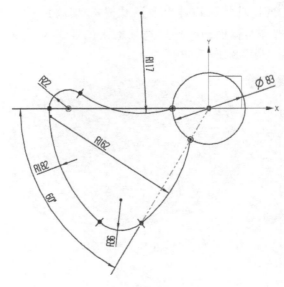

图 6-100　风扇叶外形草图

击【确定】按钮，完成直线 1 的创建。

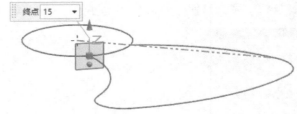

图 6-101　创建直线 1

3）重复【　　直线】特征命令，弹出【直线】对话框→起点选项选择【┼点】方式，选择图 6-102 所示的端点→终点选项选择【ZC 沿 ZC】方式→输入终点距离为 40mm→单击【确定】按钮，完成直线 2 的创建。

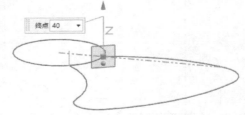

图 6-102　创建直线 2

4）重复【　　直线】特征命令，弹出【直线】对话框→起点选项选择【┼点】方式，选择直线 1 与主体外形的下交点→终点选项选择【┼点】方式，选择直线 2 与主体外形的上交点→单击【确定】按钮，完成直线 3 的创建，如图 6-103 所示。

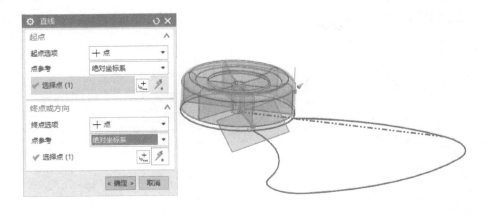

图 6-103 创建直线 3

注：在进行点的选择时，需将对象捕捉中的【交点】方式打开。

5）功能区选择【曲线】→【派生曲线】→【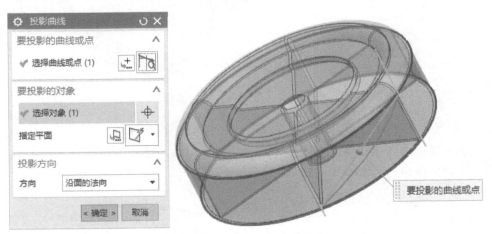投影曲线】特征命令，弹出【投影曲线】对话框→要投影的曲线或点选择直线 3 →要投影的对象选择主体外圆柱表面 →投影方向选择【沿面的法向】→单击【确定】按钮，完成风扇叶外形曲线投影，如图 6-104 所示。

图 6-104 风扇叶外形曲线投影

6）选择【拉伸】特征命令，弹出【拉伸】对话框→截面选择图 6-103 所示部分草图曲线→指定矢量为 ZC 轴→限制选项输入结束距离为 25mm→设置体类型为【片体】→单击【确定】按钮，完成风扇叶外形的拉伸，如图 6-105 所示。

7）功能区选择【曲线】→【派生曲线】→【在面上偏置】特征命令，弹出【在面上偏置曲线】对话框→类型选择【可变】→曲线选择风扇叶外形部分草图曲线 →偏置规律选择【线性】→输入起点距离为 21.5mm，终点距离为 3.5mm→面或平面选择风扇叶外形

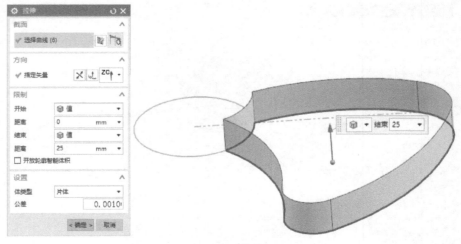

图 6-105　风扇叶外形拉伸

所拉伸的曲面→单击【确定】按钮，完成风扇叶外形曲线偏置，如图 6-106 所示。

图 6-106　风扇叶外形曲线偏置

8）功能区选择【曲面】→【曲面】→【　填充曲面】特征命令，弹出【填充曲面】对话框→边界选择风扇叶外形投影的曲线和风扇叶外形偏置的曲线→单击【确定】按钮，完成风扇叶曲面的创建，如图 6-107 所示。

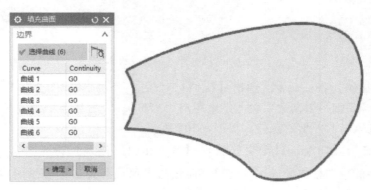

图 6-107　创建风扇叶曲面

9）选择【▨ 加厚】特征命令，弹出【加厚】对话框→面选择风扇叶曲面→厚度选项中输入偏置 1 为 0.5mm，偏置 2 为−0.5mm→单击【确定】按钮，完成单个风扇叶的创建，如图 6-108 所示。

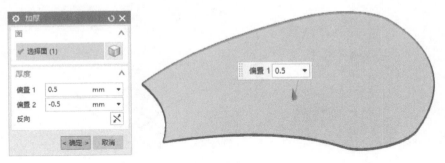

图 6-108　创建单个风扇叶

10）选择【▨ 偏置面】特征命令，弹出【偏置面】对话框→要偏置的面选择如图 6-109所示→输入偏置为 0.5mm→单击【确定】按钮，完成风扇叶端面的偏置。

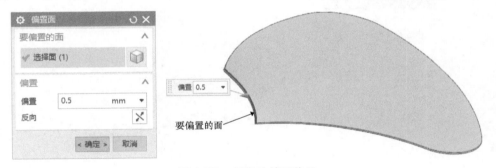

图 6-109　风扇叶端面偏置

11）选择【求和】特征命令，弹出【合并】对话框→目标选择风扇叶实体→工具选择主体实体→单击【确定】按钮，完成布尔求和运算，如图 6-110 所示。

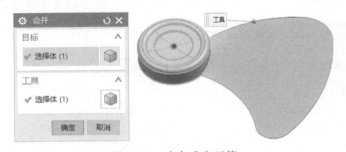

图 6-110　布尔求和运算

（2）方法二　风扇叶第 1）~7）步的创建与方法一完全相同，所以方法二从风扇叶曲面创建开始介绍。

1）功能区选择【曲面】→【曲面】→【更多】→【曲面网格划分】→【▨ N 边曲面】特征命令，弹出【N 边曲面】对话框→类型选择【▨ 已修剪】→外环选择风扇叶外形投影的曲线和风扇叶外形偏置的曲线→勾选【修剪到边界】→单击【确定】按钮，完成风扇叶曲面的创建，如图6-111所示。

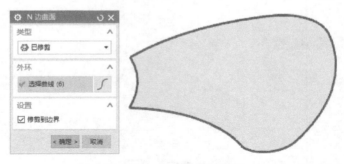

图6-111　创建风扇叶曲面

2）【🗔加厚】特征命令，弹出【加厚】对话框→面选择风扇叶曲面→厚度选项输入偏置1为0.5mm，偏置2为-0.5mm→单击【确定】按钮，完成单个风扇叶的创建，如图6-112所示。

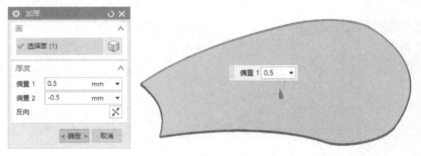

图6-112　创建单个风扇叶

3）功能区选择【主页】→【同步建模】→【🧊移动面】特征命令，弹出【移动面】对话框→面选择图6-113所示的端部表面→运动选择【↗距离】方式→指定矢量选择🔧（面/平面法向）输入距离为0.5mm→单击【确定】按钮，完成风扇叶端面的偏置。

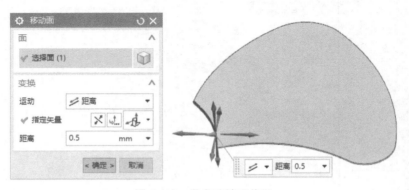

图6-113　风扇叶端面偏置

4. 阵列风扇叶

选择【阵列特征】特征命令，弹出【阵列特征】对话框→要形成阵列的特征在导航栏选择风扇叶创建的前三个特征命令（加厚、偏置面/移动面、求和）→布局选择【圆形】→指定矢量为 ZC 轴，指定点为坐标原点→角度方向输入数量为 3，节距角为 120°→单击【确定】按钮，完成风扇叶的创建，如图 6-114 所示。

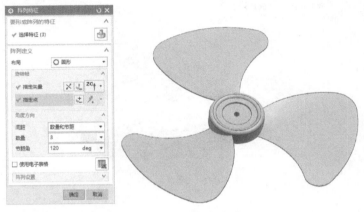

图 6-114　风扇叶阵列

5. 创建风扇叶圆角

选择【边倒圆】特征命令，弹出【边倒圆】对话框→要倒圆的边选择风扇叶外形轮廓边→输入半径 1 为 0.5mm→单击【确定】按钮，完成风扇叶圆角的创建，如图 6-115 所示。

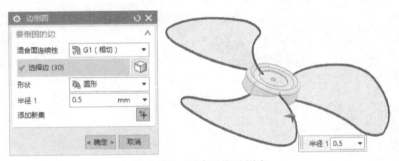

图 6-115　创建风扇叶圆角

6.5.4　小结

本任务中讲述了由点生成线，由线生成面，再由面生成体的全过程，现总结如下：

1）使用【旋转】特征命令时，选择的截面线是否封闭会影响旋转的结果，封闭截面线旋转结果为实体，未封闭截面线旋转结果为片体。

2）【抽壳】特征命令需要在倒圆角之后使用，这样可以解决壳体内的圆角问题。

3）新介绍了【填充曲面】和【N 边曲面】两个曲面特征命令，了解如何由封闭曲线变为曲面的过程。

4）再次介绍了非草图环境下【直线】特征命令的应用，以及对象捕捉工具的简单使用。

5）【加厚】特征命令是最简单的由面生成实体的方式。

6）使用【拉伸】特征命令，所选截面封闭时，同样可以创建出片体曲面效果。

6.6 任务引入——原汁机杯盖的建模

完成图6-116所示原汁机杯盖的建模。

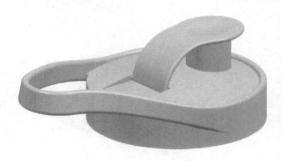

图6-116 原汁机杯盖

6.6.1 任务分析

首先画出杯盖主体；然后创建杯盖拉手部分，创建出水口翻盖实体；最后创建出水口密封胶圈，如图6-117所示。

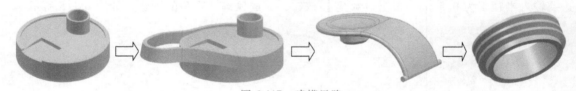

图6-117 建模思路

6.6.2 主要知识点

本任务中将学习以下建模命令的使用方法和一般步骤。

- 实体冲压
- 拔模
- 桥接曲线
- 通过曲线网格
- 修剪片体
- 镜像几何体
- 有界平面

- 等参数曲线
- 偏置曲面
- 面倒圆
- 缝合
- 图层设置
- 椭圆
- 基准 CSYS

6.6.3 任务实施

1. 创建杯盖主体

（1）主体旋转 选择【旋转】特征命令，弹出【旋转】对话框→以 XZ 平面为草绘平面，绘制主体草图→指定矢量为 ZC 轴，指定点为坐标原点→限制选项输入结束角度为

360°→单击【确定】按钮，完成主体的旋转，如图6-118所示。

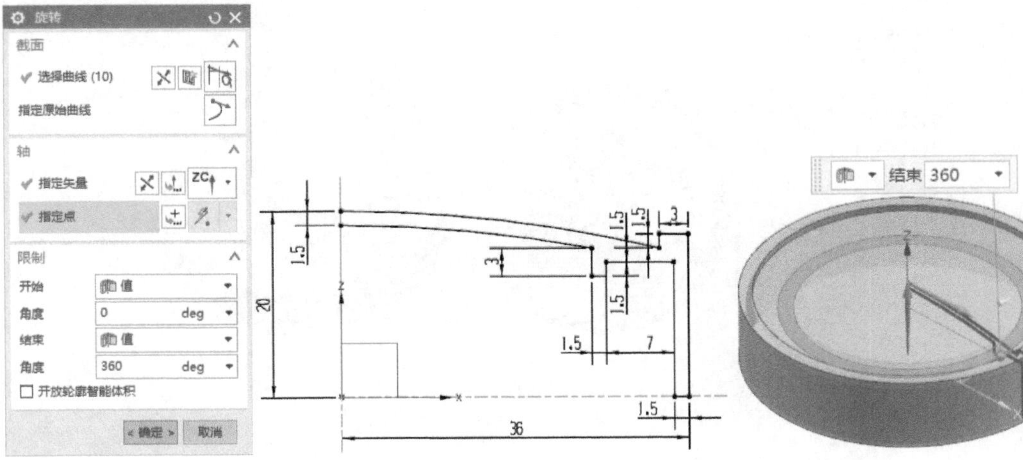

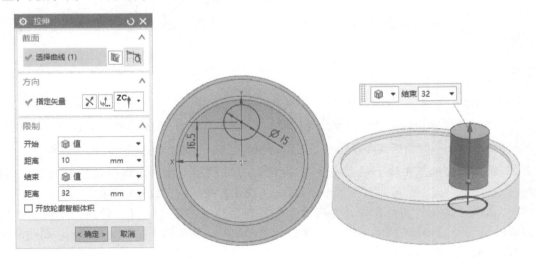

图6-118　主体旋转

（2）创建出水口

1）选择【拉伸】特征命令，弹出【拉伸】对话框→以XY平面为草绘平面，绘制草图→指定矢量为ZC轴→限制选项输入开始距离为10mm，结束距离为32mm→单击【确定】按钮，完成出水口的拉伸，如图6-119所示。

图6-119　出水口拉伸

2）功能区选择【应用模块】→【设计】→【💾钣金】命令→【主页】→【凸模】→单击按钮▼，选取【🔲实体冲压】特征命令，弹出【实体冲压】对话框→类型选择【🔲凸模】→目标面选择图6-120所指表面→工具体选择出水口拉伸实体→单击【确定】按钮，完成出水口的冲压。

3）选择【倒斜角】特征命令，弹出【倒斜角】对话框→边选项选择出水口内轮廓边→输入偏置距离为1mm→单击【确定】按钮，完成出水口斜角的创建，如图6-121所示。

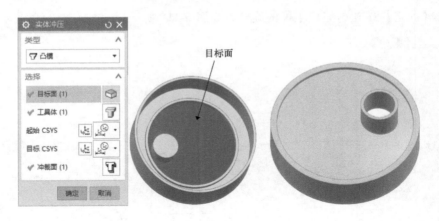

图 6-120　出水口冲压

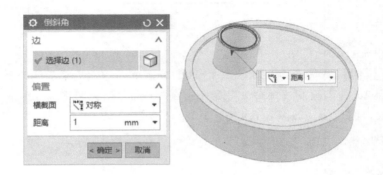

图 6-121　创建出水口倒斜角

（3）创建翻盖槽

1）选择【拉伸】特征命令，弹出【拉伸】对话框→以 XY 平面为草绘平面，绘制草图→指定矢量为 ZC 轴→开始距离项单击【启动测量工具】，弹出【测量距离】对话框→指定矢量为 ZC 轴→起点选择主体下端面→终点选择图 6-122 所指平面→单击【确定】按钮，返回【拉伸】对话框→输入结束距离为 20mm→单击【确定】按钮，完成翻盖槽的拉伸。

2）选择【抽壳】特征命令，弹出【抽壳】对话框→类型选择【移除面，然后抽壳】→要穿透的面选择图 6-122 所示翻盖拉伸体的上表面和外端面→输入厚度为 1.5mm→单击【确定】按钮完成抽壳，如图 6-123 所示。

3）选择【求和】特征命令，弹出【合并】对话框→目标选择杯盖主体实体→工具选择翻盖槽抽壳实体→勾选【定义区域】→选择图 6-124 所示线框显示的实体→点选【移除】方式→单击【确定】按钮，完成布尔求和运算。

4）功能区选择【主页】→【特征】→【拔模】特征命令，弹出【拔模】对话框→类型选择【从平面或曲面】→脱模方向为 ZC 轴→拔模方法为【固定面】，固定面选择上一步布尔求和运算所得到的翻盖槽的底平面→要拔模的面选择图 6-125 所示的选择面→输入角度为 10°→单击【确定】按钮，完成翻盖槽拔模。

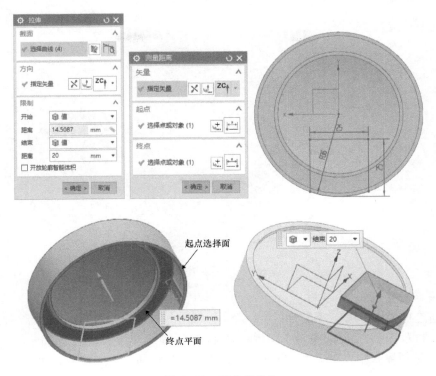

图 6-122　翻盖槽拉伸

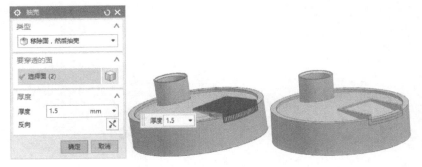

图 6-123　翻盖抽壳

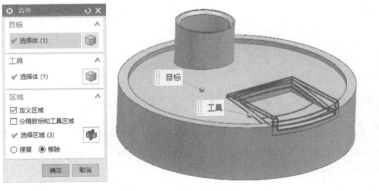

图 6-124　布尔求和运算

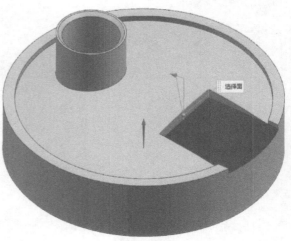

图 6-125　翻盖槽拔模

2. 创建杯盖拉手

（1）创建拉伸体　选择【拉伸】特征命令，弹出【拉伸】对话框→以 XY 平面为草绘平面图，绘制草图→指定矢量为 ZC 轴→限制选项输入开始距离为 32mm，结束距离为 22mm→偏置选项输入结束距离为-3mm→单击【确定】按钮，完成拉伸，如图 6-126 所示。

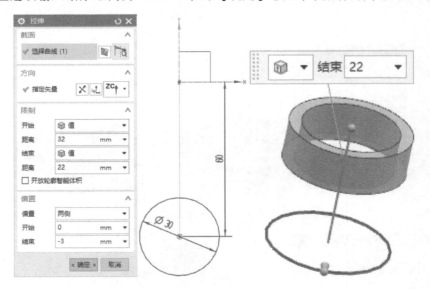

图 6-126　创建拉伸体

（2）创建拉伸体外圆柱面拔模　选择【拔模】特征命令，弹出【拔模】对话框→类型选择【从平面或曲面】→脱模方向为 ZC 轴→拔模方法选择【固定面】，固定面选择拉伸实体顶面→要拔模的面选择图 6-127 所示的外圆柱面→输入角度 1 为 10°→单击【确定】按钮，完成拉伸体外圆柱面拔模。

（3）创建拉伸体内圆柱面拔模　重复【拔模】特征命令，弹出【拔模】对话框→

图 6-127 拉伸体外圆柱面拔模

类型选择【从平面或曲面】→脱模方向为 ZC 轴→固定面选择拉伸实体顶面→要拔模的面选择图 6-128 所示的内圆柱面→输入角度 1 为 10°→单击【确定】按钮，完成拉伸体内圆柱面拔模。

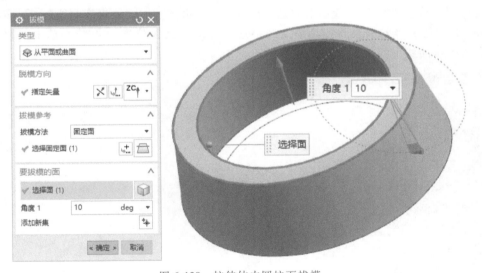

图 6-128 拉伸体内圆柱面拔模

（4）修剪实体 1 选择【修剪体】特征命令，弹出【修剪体】对话框→目标选择杯盖主体实体与拔模后的拉伸实体→工具选择 YZ 平面→单击【确定】按钮，完成实体修剪 1，如图 6-129 所示。

（5）分割主体实体 选择【拆分体】特征命令，弹出【拆分体】对话框→目标选择杯盖主体实体→工具选择 XZ 平面→单击【确定】按钮，完成主体实体分割，如图 6-130所示。

（6）创建桥接曲线 1 功能区选择【曲线】→【派生曲线】→【桥接曲线】特征命令，

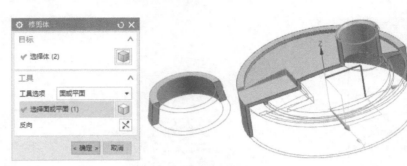

图 6-129　实体修剪 1

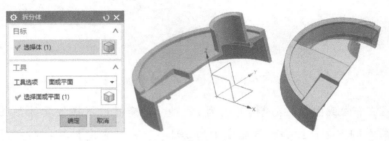

图 6-130　分割主体实体

弹出【桥接曲线】对话框→起始对象选择图 6-131 所示分割体的外轮廓曲线→终止对象选择图 6-131 右侧修剪体的上表面外轮廓曲线→连续性输入结束位置为 40%→单击【确定】按钮，完成桥接曲线 1 的创建。

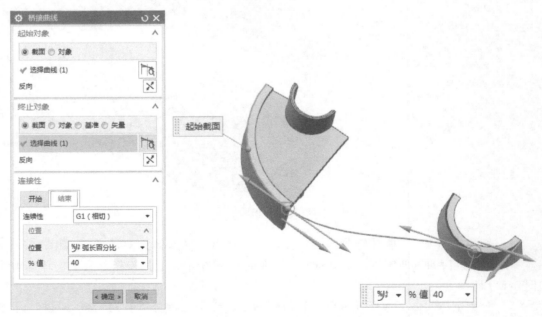

图 6-131　创建桥接曲线 1

（7）创建基准平面　选择【基准平面】特征命令，弹出【基准平面】对话框→类型选项选择【曲线上】→曲线选项选择【桥接曲线 1】→曲线上的位置输入弧长为 0mm→单击

【确定】按钮，完成基准平面的创建，如图 6-132 所示。

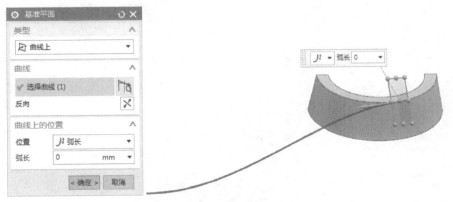

图 6-132　创建基准平面

（8）修剪实体 2　选择【修剪体】特征命令，弹出【修剪体】对话框→目标选择拔模后的实体→工具选择上一步创建的基准平面→单击【确定】按钮，完成实体修剪 2，如图 6-133 所示。

图 6-133　实体修剪 2

（9）创建桥接曲线 2　选择【 桥接曲线】特征命令，弹出【桥接曲线】对话框→起始对象和终止对象分别选择两个修剪体的下表面外轮廓线→连续性输入结束位置为 0%→单击【确定】按钮，完成桥接曲线 2 的创建，如图 6-134 所示。

（10）创建网格曲面 1　功能区选择【曲面】→【曲面】→【 艺术曲面】后的按钮▼→【 通过曲线网格】特征命令，弹出【通过曲线网格】对话框→对象选择如图 6-135 所示→单击【确定】按钮，完成网格曲面 1 的创建。

> 注：① 选择主曲线时，光标的位置应该靠近曲线的起点处。如果选择错误，可以通过单击对话框中的按钮 ✕ 来删除错误的曲线，再重新选择。
>
> ② 曲面边界的连续方式有三种：G0，G1 和 G2。其中，G0 表示边界重合，G1 表示相切连续，G2 表示曲率连续。

（11）创建桥接曲线 3　选择【 桥接曲线】特征命令，弹出【桥接曲线】对话框→起始对象选择图 6-136 所示的轮廓曲线→终止对象选择桥接曲线 2→连续性输入结束位置为 90%→约束面选择网格曲面 1→形状控制方法为【相切幅值】，输入开始值为 0.2，结束值为 1→单击【确定】按钮，完成桥接曲线 3 的创建。

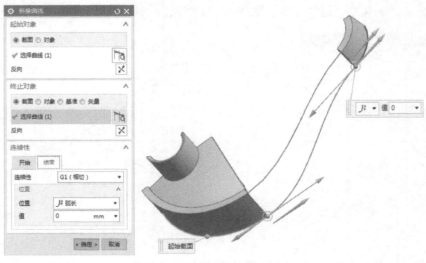

图 6-134　创建桥接曲线 2

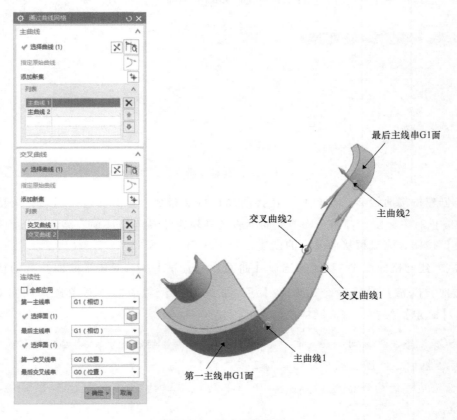

图 6-135　创建网格曲面 1

（12）修剪网格曲面 1　功能区选择【曲面】→【曲面工序】→【🖊修剪片体】特征命令，弹出【修剪片状】对话框→目标选择网格曲面 1→边界选择桥接曲线 3→单击【确定】按钮，完成网格曲面 1 的修剪，如图 6-137 所示。

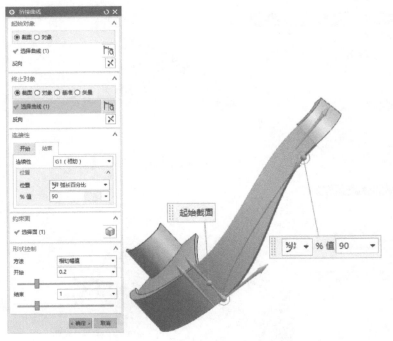

图 6-136　创建桥接曲线 3

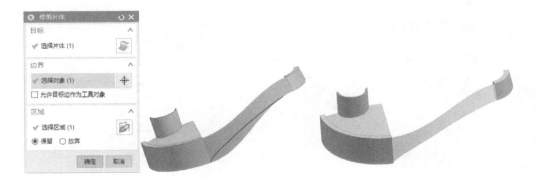

图 6-137　修剪网格曲面 1

（13）偏置曲面　功能区选择【曲面】→【曲面工序】→【🗄偏置曲面】特征命令，弹出【偏置曲面】对话框→要偏置的面选择修剪后的网格曲面 1→输入偏置 1 为 3mm→单击【确定】按钮，完成曲面的偏置，如图 6-138 所示。

（14）修剪偏置曲面　选择【修剪体】特征命令，弹出【修剪体】对话框→目标选择偏置曲面→工具选择【新建平面】→指定平面单击🗔按钮，弹出【刨】话框→类型选择【曲线上】→曲线选择偏置曲面下边缘曲线→曲线上的位置选择【通过点】→指定点单击⁺按钮，弹出【点】对话框→类型选择【交点】→曲线、曲面或平面选择杯盖主体外形表面→要相交的曲线选择偏置曲面下边缘曲线→连续单击三次【确定】按钮，完成偏置曲面的修剪，如图 6-139 所示。

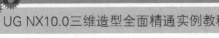
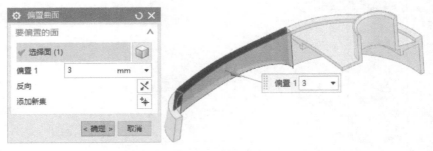

图 6-138　偏置曲面

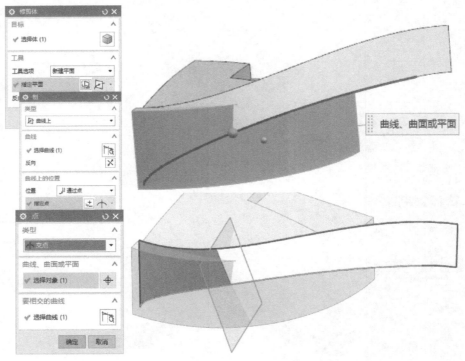

图 6-139　偏置曲面修剪

（15）创建桥接曲线 4　选择【　桥接曲线】特征命令，弹出【桥接曲线】对话框→起始对象选择图 6-140 所示的左边修剪体内轮廓曲线→终止对象选择右边修剪体内轮廓曲线→连续性输入结束位置为 0%→单击【确定】按钮，完成桥接曲线 4 的创建。

（16）创建桥接曲线 5　重复【　桥接曲线】特征命令，弹出【桥接曲线】对话框→起始对象选择图 6-141 所示偏置曲面的下边缘轮廓曲线→终止对象选择修剪实体 2 的下表面内轮廓曲线→连续性输入结束位置为 0%→单击【确定】按钮，完成桥接曲线 5 的创建。

（17）创建网格曲面 2　选择【　通过曲线网格】特征命令，弹出【通过曲线网格】对话框→对象选择如图 6-142 所示→单击【确定】按钮，完成网格曲面 2 的创建。

（18）创建网格曲面 3　重复【　通过曲线网格】特征命令，弹出【通过曲线网格】对话框→对象选择如图 6-143 所示→单击【确定】按钮，完成网格曲面 3 的创建。

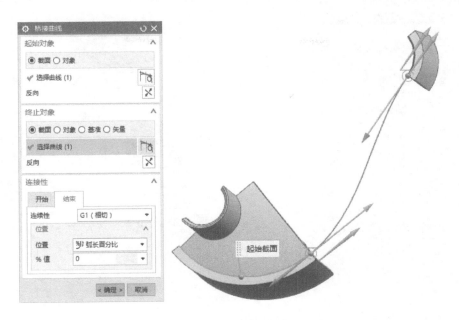

图 6-140 创建桥接曲线 4

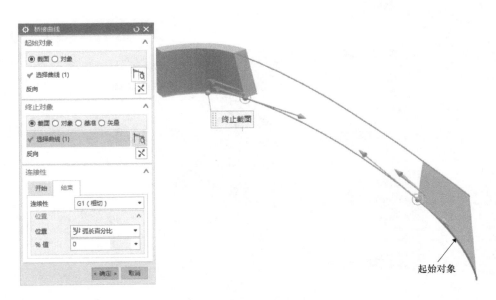

图 6-141 创建桥接曲线 5

（19）创建直线 选择【 ／直线】特征命令，弹出【直线】对话框→起点选择网格曲面 1 的一个端点→终点选择网格曲面 2 的一个端点→单击【确定】按钮，完成直线的创建，如图 6-144 所示。

（20）创建网格曲面 4 选择【 通过曲线网格】特征命令，弹出【通过曲线网格】对话框→对象选择如图 6-145 所示→单击【确定】按钮，完成网格曲面 4 的创建。

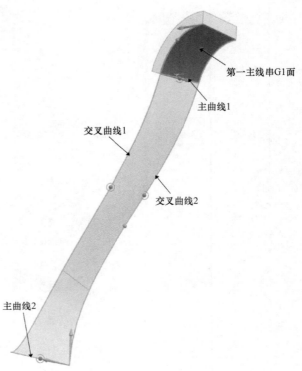

图 6-142　创建网格曲面 2

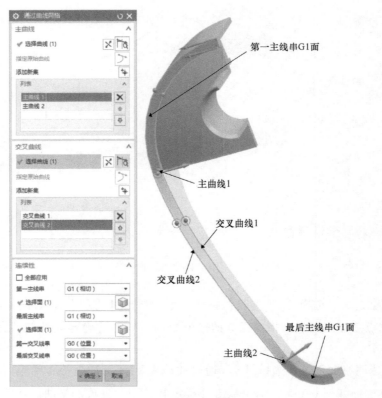

图 6-143　创建网格曲面 3

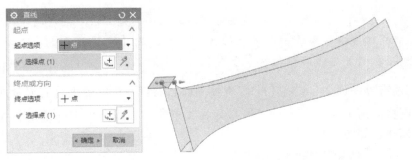

图 6-144　创建直线

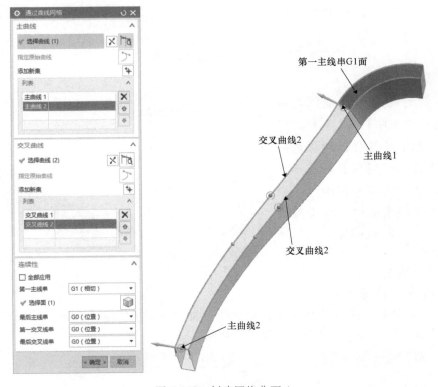

图 6-145　创建网格曲面 4

（21）创建有界平面 1　功能区选择【曲面】→【曲面】→【曲面】→【🔲 有界平面】特征命令，弹出【有界平面】对话框→平截面选择网格曲面 1～4 所组成的管道口处 4 条曲面边线→单击【确定】按钮，完成有界平面 1 的创建，如图 6-146 所示。

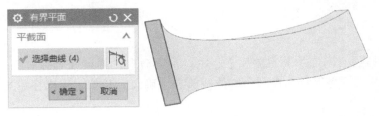

图 6-146　创建有界平面 1

注：【有界平面】特征命令是一种较为简单的曲面构造方法，它和【N边曲面】特征命令的共同点是曲线要组合成一个封闭的区域，区别是【有界平面】特征命令要求定义的曲线完全共面，【N边曲面】特征命令在平面上和在弧面上都是可以完成的。

（22）创建有界平面2　重复【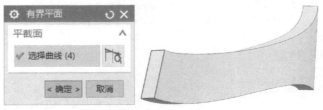有界平面】特征命令，弹出【有界平面】对话框→平截面选择网格曲面1~4所组成的管道口处另4条曲面边线→单击【确定】按钮，完成有界平面2的创建，如图6-147所示。

图6-147　创建有界平面2

（23）缝合曲面　功能区选择【曲面】→【曲面工序】→【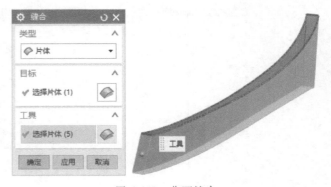缝合】特征命令，弹出【缝合】对话框→类型选择【◇片体】→目标选择任意网格曲面或者有界平面中的一个面→工具框选剩余曲面→单击【确定】按钮，完成曲面的缝合，如图6-148所示。

3. 合并杯盖主体与拉手实体

（1）创建杯盖替换1　选择【替换面】特征命令，弹出【替换面】对话框→如图6-149所示，选择要替换的面和替换面→单击【确定】按钮，完成杯盖替换1的创建。

图6-148　曲面缝合

图6-149　创建杯盖替换1

（2）创建杯盖实体合并1　选择【合并】特征命令，弹出【合并】对话框→目标选择前面创建的任意实体→工具选择剩余实体→单击【确定】按钮，完成杯盖实体合并1，如图6-150所示。

（3）创建杯盖替换2　选择【替换面】特征命令，弹出【替换面】对话框→如图6-151

图 6-150 创建杯盖实体合并 1

所示，选择要替换的面和替换面→单击【确定】按钮，完成杯盖替换 2 的创建。

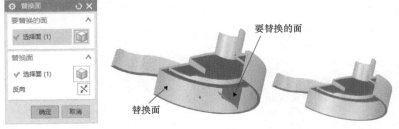

图 6-151 创建杯盖替换 2

（4）创建镜像几何体 功能区选择【主页】→【特征】→【更多】→【关联复制】→【🗐镜像几何体】特征命令，弹出【镜像几何体】对话框→要镜像的几何体选择图 6-150 所示的杯盖实体合并 1→镜像平面选择 YZ 平面→单击【确定】按钮，完成镜像，如图 6-152 所示。

图 6-152 镜像几何体

（5）创建杯盖实体合并 2 选择【合并】特征命令，弹出【合并】对话框→目标选择镜像前的实体→工具选择镜像后的实体→单击【确定】按钮，完成杯盖实体合并 2 的创建，如图 6-153 所示。

4. 创建螺纹锁紧

（1）创建螺旋线 选择【🗐螺旋线】特征命令，弹出【螺旋线】对话框→类型选择【沿矢量】→指定 CSYS 输入 X 为 0，Y 为 0，Z 为 5→大小输入直径为 69mm→螺距输入 4mm→长度限制输入终止限制为 8mm→单击【确定】按钮，完成螺旋线的创建，如图 6-154 所示。

图 6-153 创建杯盖实体合并 2

（2）创建管道 选择【🗐管道】特征命令，弹出【管道】对话框→路径选择螺旋线→横截面输入外径为 2mm→布尔运算为求和，选择体为主体实体→单击【确定】按钮，完成管道的创建，如图 6-155 所示。

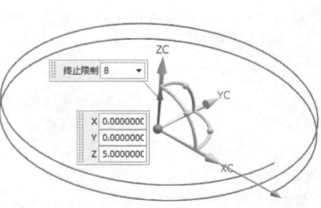

图 6-154　创建螺旋线

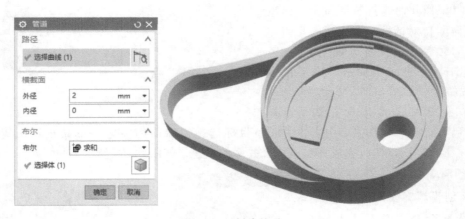

图 6-155　创建管道

（3）管道端面偏置　选择【偏置面】特征命令，弹出【偏置面】对话框→要偏置的面选择管道的端面→输入偏置为-5mm→单击【确定】按钮，完成端面的偏置，如图 6-156 所示。

（4）抽取等参数曲线　功能区选择【曲线】→【派生曲线】→单击按钮▼，选择【等参数曲线】特征命令，弹出【等参数曲线】对话框→选择面为管道外缘表面→等参数曲线方向选择【U】→位置选择【均匀】数量输入 2→勾选【间距】，调整至 50%→单击【确定】按钮，完成曲线抽取，如图 6-157 所示。

（5）创建桥接曲线 6

1）选择【桥接曲线】特征命令，弹出【桥接曲线】对话框→起始对象选择螺旋

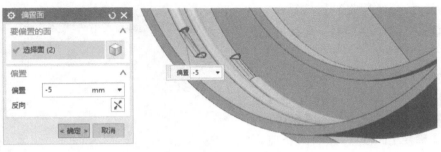

图 6-156　管道端面偏置

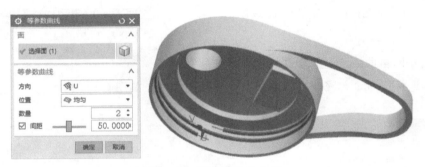

图 6-157　抽取等参数曲线

线→终止对象选择图 6-158 中所指轮廓曲线→结束连续性选择【G0（位置）】→约束面选择杯盖内壁→单击【确定】按钮，完成桥接曲线 6 的创建。

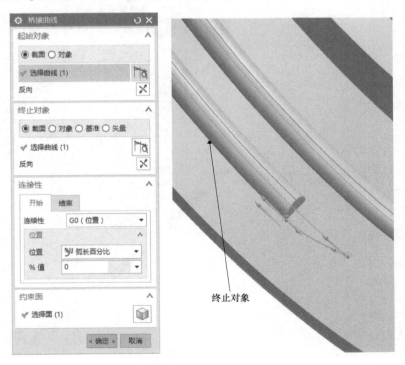

图 6-158　创建桥接曲线 6

2）重复【桥接曲线】特征命令，完成桥接曲线 7~11 的创建，如图 6-159 所示。

（6）创建网格曲面 5　选择【通过曲线网格】特征命令，弹出【通过曲线网格】对话框→对象选择如图 6-160 所示→单击【确定】按钮，完成网格曲面 5 的创建。

注：主曲线 1 选择 3 条交叉曲线的交点。

（7）创建网格曲面 6　重复【通过曲线网格】特征命令，完成另一端网格曲面 6 的创建，如图 6-161 所示。

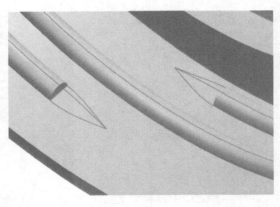

图 6-159　桥接曲线 7~11

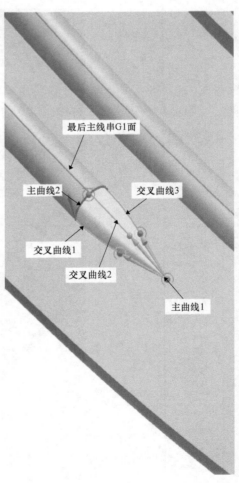

图 6-160　创建网格曲面 5

（8）实体与片体合并

1）选择【补片】特征命令，弹出【补片】对话框→目标选择杯盖主体实体→工具选择网格曲面5→单击【确定】按钮，完成补片1的创建，如图6-162所示。

图6-161　创建网格曲面6

图6-162　创建补片1

2）重复【补片】特征命令，完成杯盖主体实体与网格曲面6的合并，如图6-163所示。

> 注：补片的作用主要是将已经存在的片体的面替换为另一个片体的面，或是将一个封闭的片体与另一实体结合成一个实体，这里应注意的是片体必须完全与实体相连。

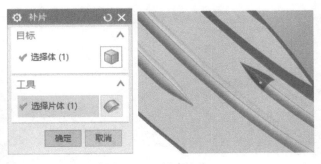

图6-163　创建补片2

5. 创建杯盖圆角

（1）创建螺纹锁紧圆角　选择【边倒圆】特征命令，弹出【边倒圆】对话框→选择图6-164所示的轮廓边→输入半径1为0.2mm→单击【确定】按钮，完成螺纹锁紧圆角的创建。

图6-164　创建螺纹锁紧圆角

（2）创建拉手圆角

1）功能区选择【曲面】→【曲面】→【面倒圆】特征命令，弹出【面倒圆】对话框→

类型选择【🔲三个定义面链】→面链选择图6-165所示的面链1和2→中间的面或平面选择拉手上表面→单击【确定】按钮，完成拉手顶面圆角的创建。

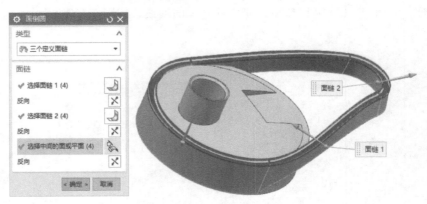

图6-165　创建拉手顶面圆角

2）重复【🔲面倒圆】特征命令，用同样的方法完成拉手底面圆角的创建，如图6-166所示。

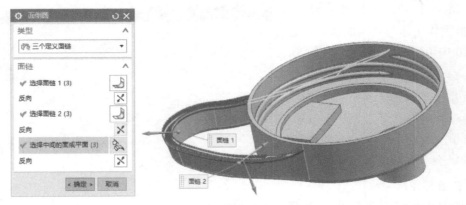

图6-166　创建拉手底面圆角

3）选择【边倒圆】特征命令，弹出【边倒圆】对话框→选择图6-167所示两边的轮廓边→输入半径1为0.5mm→单击【确定】按钮，完成拉手连接部分圆角1的创建。

图6-167　创建拉手连接部分圆角1

4）重复【边倒圆】特征命令→选择图6-168所示的轮廓边→输入半径1为0.5mm→完

成拉手连接部分圆角 2 的创建。

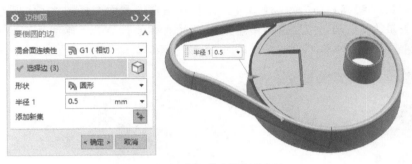

图 6-168　创建拉手连接部分圆角 2

5）重复【边倒圆】特征命令→选择图 6-169 所示的轮廓边→输入半径 1 为 0.2mm→完成翻盖槽部分圆角的创建。

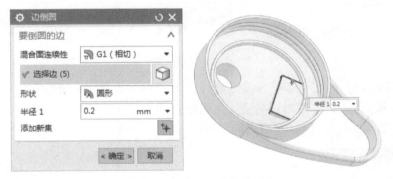

图 6-169　创建翻盖槽部分圆角

6. 创建出水口翻盖实体

（1）创建图层　功能区选择【视图】→【可见性】→【图层设置】特征命令，弹出【图层设置】对话框→工作图层输入 2 →单击<Enter>键→取消勾选图层 1→单击【关闭】按钮，完成图层 2 的创建，如图 6-170 所示。

（2）创建草图曲线　以 YZ 平面为草绘平面，绘制出水口翻盖实体草图，如图 6-171 所示。

图 6-170　创建图层 2

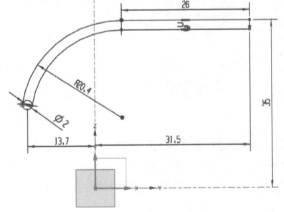

图 6-171　出水口翻盖实体草图

（3）创建翻盖拉伸实体

1）选择【拉伸】特征命令，弹出【拉伸】对话框→截面选择图 6-171 所示的部分草图曲线→指定矢量为 XC 轴→限制选项中结束选择【对称值】方式，输入距离为 14mm→单击【确定】按钮，完成拉伸体 1 的创建，如图 6-172 所示。

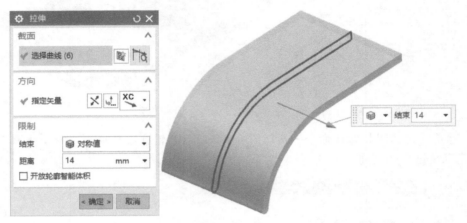

图 6-172　创建拉伸体 1

2）重复【拉伸】特征命令，弹出【拉伸】对话框→以 XY 平面为草绘平面，绘制草图曲线→指定矢量为 ZC 轴→限制选项输入结束距离为 49mm→布尔选项选择【求交】方式→选择体为拉伸体 1→单击【确定】按钮，完成拉伸体 2 的创建，如图 6-173 所示。

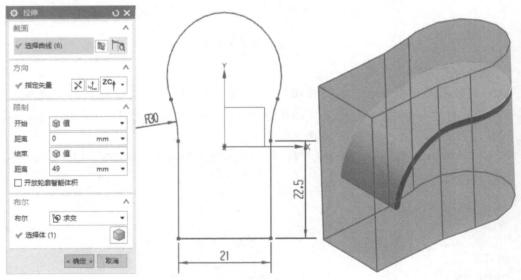

图 6-173　创建拉伸体 2

3）重复【拉伸】特征命令，弹出【拉伸】对话框→截面选择图 6-171 中的 φ2mm 圆→指定矢量为 XC 轴→限制选项中结束选择【对称值】方式，输入距离为 12mm→布尔选项选择【求和】方式→选择体为拉伸体 2→单击【确定】按钮，完成拉伸体 3 的创建，如图 6-174 所示。

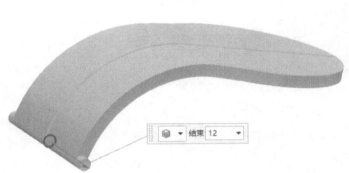

图 6-174　创建拉伸体 3

（4）创建翻盖实体圆角　选择【　面倒圆】特征命令，弹出【面倒圆】对话框→类型选择【　三个定义面链】→面链分别选择图 6-175 所示的翻盖上、下表面，即面链 1 和面链 2→中间的面或平面选择侧面→单击【确定】按钮，完成翻盖实体的圆角创建。

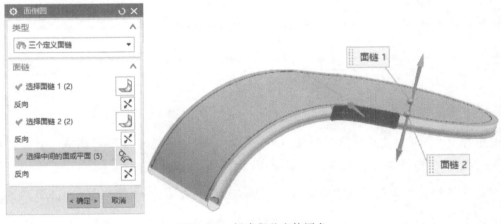

图 6-175　创建翻盖实体圆角

（5）创建指压凹坑

1）功能区选择【主页】→【特征】→单击【基准平面】侧的按钮▼→选择【　基准 CSYS】特征命令，弹出【基准 CSYS】对话框→类型选择【　动态】→操控器输入 X 为 0，Y 为 16.49，Z 为 35→单击【确定】按钮，完成基准坐

图 6-176　创建基准坐标系

标系的创建，如图 6-176 所示。

2）功能区选择【曲线】→【更多】→【曲线】→【◆椭圆】特征命令，弹出【点】对话框→单击选择【╁现有点】→选择图 6-176 所示的基准坐标系原点，弹出【椭圆】对话框→输入长半轴为 8mm，短半轴为 10mm→单击【确定】按钮，完成椭圆曲线的创建，如图 6-177 所示。

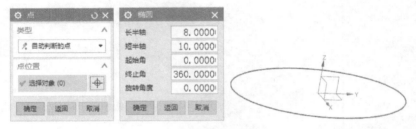

图 6-177　创建椭圆曲线

3）以图 6-176 所示的基准坐标系的 YZ 平面为草绘平面，绘制指压凹坑草图 1，如图 6-178所示。

4）以图 6-176 所示的基准坐标系的 XZ 平面为草绘平面，绘制指压凹坑草图 2，如图 6-179所示。

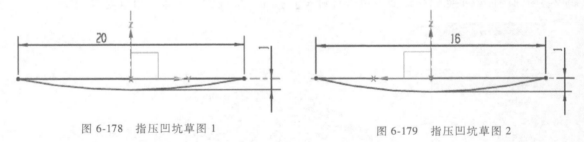

图 6-178　指压凹坑草图 1　　　　　　　　　　图 6-179　指压凹坑草图 2

5）选择【▦通过曲线网格】特征命令，弹出【通过曲线网格】对话框→对象选择如图 6-180 所示→单击【确定】按钮，完成指压凹坑网格曲面的创建。

注：在选择交叉曲线时，需要在选择意图工具条中选择【╁╁在相交处停止】方式。

6）选择【▦补片】特征命令，弹出【补片】对话框→目标选择翻盖实体→工具选择指压凹坑网格曲面→单击【确定】按钮，完成指压凹坑的创建，如图 6-181 所示。

7）选择【边倒圆】特征命令，弹出【边倒圆】对话框→选择图 6-182 所示的凹坑轮廓边→输入半径 1 为 9mm→单击【确定】按钮，完成指压凹坑圆角的创建。

（6）创建翻盖实体出水口

1）选择【▦图层设置】特征命令，弹出【图层设置】对话框→勾选图层 1，如图 6-183所示→单击【确定】按钮，可显示图层 1 的实体。

2）选择【拉伸】特征命令，弹出【拉伸】对话框→截面选择主体实体出水口内径轮廓线→指定矢量为−ZC 轴→限制选项输入开始距离为−2mm，结束距离为 4mm→布尔选项选择【求和】方式→选择体为翻盖实体→偏置选择【两侧】方式，输入开始距离为−3.5mm，结束距离为−2mm→单击【确定】按钮，完成翻盖实体出水口的拉伸，如图 6-184 所示。

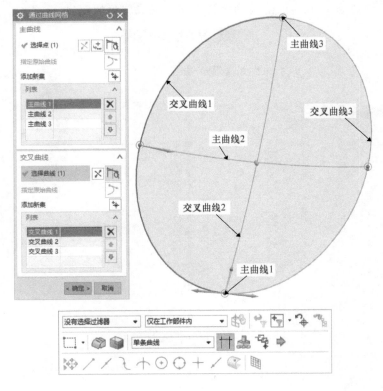

图 6-180 创建指压凹坑网格曲面

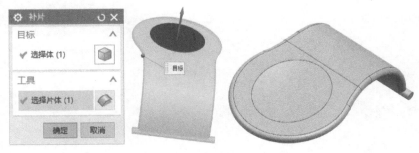

图 6-181 创建指压凹坑

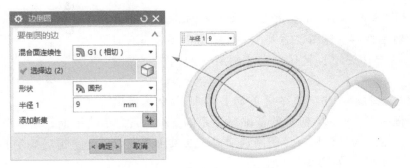

图 6-182 创建指压凹坑圆角

3）选择【倒斜角】特征命令，弹出【倒斜角】对话框→选择图 6-185 所示的翻盖出水口轮廓边→输入距离为 1mm→单击【确定】按钮，完成斜角的创建。

图 6-183　图层设置

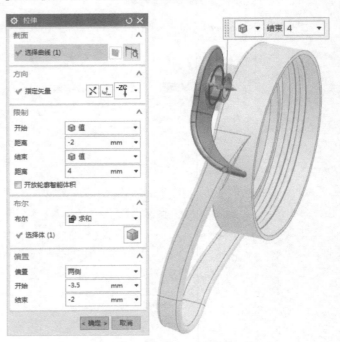

图 6-184　翻盖实体出水口的拉伸

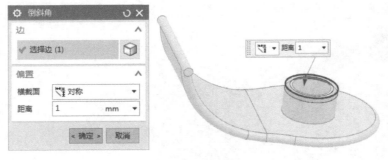

图 6-185　倒斜角

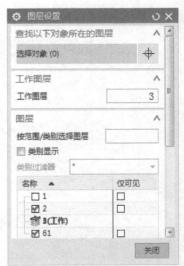

图 6-186　创建图层 3

7. 创建出水口密封胶圈

（1）创建图层 3　选择【图层设置】特征命令，弹出【图层设置】对话框→工作图层输入 3→单击<Enter>键→取消勾选图层 1→单击【关闭】按钮，完成图层 3 的创建，如图6-186 所示。

（2）密封胶圈旋转体　选择【旋转】特征命令，弹出【旋转】对话框→以图 6-176 所示的基准坐标系的 XZ 平面为草绘平面，绘制草图→指定矢量为 ZC 轴，指定点为坐标原点→限制选项输入结束角度为 360°→单击【确定】按钮，完成密封圈旋转体的创建，如图 6-187 所示。

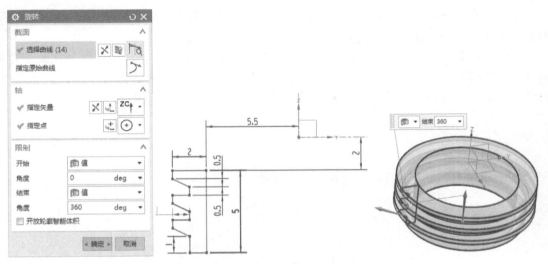

图 6-187　创建密封胶圈旋转体

8. 杯盖最终修剪

（1）切换工作图层　选择【图层设置】特征命令，弹出【图层设置】对话框→工作图层输入 1→单击<Enter>键→单击【关闭】按钮，完成图层的切换，如图 6-188 所示。

（2）杯盖修剪　选择【求差】特征命令，弹出【求差】对话框→目标选择主体实体→工具选择翻盖实体→勾选【保存工具】→单击【确定】按钮，完成布尔求差运算，如图6-189所示。

6.6.4　小结

本任务作为实例造型的最后一个，并未采用多种建模思路的对比方式进行介绍，重点仍然是曲面的创建方法。与上一节有所不同的是，本任务中的重点不只是完成曲面的创建，还强调曲面创建的质量。

图 6-188　图层切换

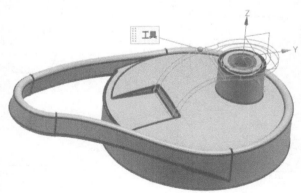

图 6-189　布尔求差运算

通过对本任务的学习，要充分了解曲面的质量好坏与曲线创建的好坏是分不开的，曲面的质量主要体现在后期加工和最终产品的外观上。

从创建命令上，本任务中重点介绍了【桥接曲线】和【等参数曲线】两种在曲面建模时常用的曲线创建命令，还介绍了【通过曲线网格】和【有界平面】两种曲面创建命令，同时也介绍了用【修剪片体】和【修剪体】命令对实体和片体的修剪结果。

6.7 练习题

1. 利用图 6-190 所示的曲线完成曲面的创建。

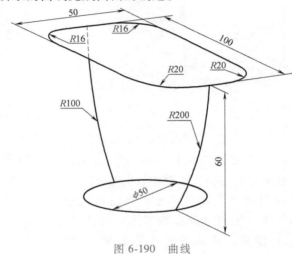

图 6-190 曲线

2. 完成图 6-191 所示飞机模型的三维实体建模。

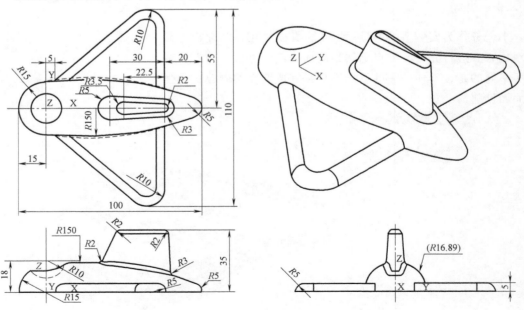

图 6-191 飞机模型

第7章

工程图

本章以任务形式讲解 UG NX10.0 的工程图创建方法。在 UG NX10.0 中，可引用零件3D 模型快速生成 2D 工程图。由于 UG NX10.0 制图模块建立的 2D 工程图是通过投影 3D 模型得到的，因此 2D 工程图与 3D 模型完全关联，实体模型的尺寸、形状和位置的任何改变，都会引起 2D 工程图的相应变化。即如果 3D 模型发生了变化，则其关联的 2D 工程图也自动更新，这样便保证了设计更新的一致性，提高了工作效率。

7.1 任务引入——原汁机过滤网的工程图

完成图 7-1 所示原汁机过滤网的 2D 工程图。

7.2 进入制图模块

功能区选择【应用模块】→【设计】→【制图】命令，进入【制图】模块，如图 7-2 所示。此时功能区显示包括【文件】、【主页】、【制图工具】、【布局】、【分析】、【视图】和【工具】等工具条。这些工具条的功能和操作方法将在后续内容中介绍。

图 7-1　原汁机过滤网

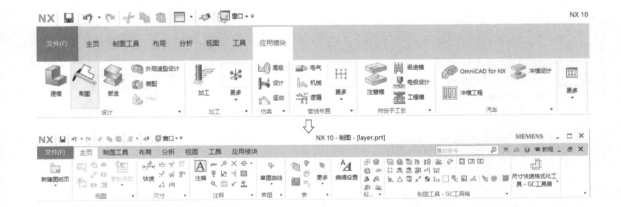

图 7-2　【制图】模块

7.3 图纸管理

图纸的管理主要是新建图纸页、打开图纸页、删除图纸页、编辑图纸页等操作，下面依次进行介绍。

7.3.1 新建图纸页

功能区选择【主页】→【新建图纸页】命令→弹出【图纸页】对话框，如图 7-3 所示。

1. 图纸大小

软件提供了 3 种规格的图纸，对应 3 个单选按钮，即使用模板、标准尺寸、定制尺寸。

（1）使用模板　点选该项时，从对话框的列表框中选择系统提供的一种制图模板，如【A0++-无视图】、【A0+-无视图】等。选择某种制图模板时，可以在对话框中预览该制图模板的形式，如图 7-4 所示。

图 7-3 【图纸页】对话框

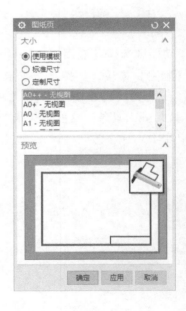

图 7-4 使用模板

（2）标准尺寸　点选该项时，可以从【大小】下拉列表框中选择一种标准尺寸样式，如【A0++-841×2387】、【A0+-841×1635】、【A0-841×1189】、【A1-594×841】、【A2-420×594】、【A3-297×420】或【A4-210×420】，从【比例】下拉列表框中选择一种绘图比例，

或者选择【定制比例】来设置所需的比例，系统默认的比例值为 1：1，如图 7-5 所示。

（3）定制尺寸 点选该项时，由用户设置图纸高度、长度和比例，如图 7-6 所示。

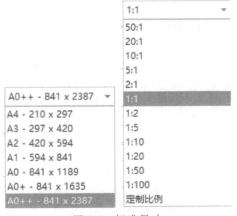

图 7-5 标准尺寸

图 7-6 定制尺寸

2. 图纸名称

（1）图纸中的图纸页 文本框中能显示所有相关的图纸名称。

（2）图纸页名称 文本框用来输入新建图纸的名称。用户直接在文本中输入图纸的名称即可。系统默认的图纸名称为【Sheet 1】。

3. 投影方式

投影方式包括第一角投影和第三角投影两种，系统默认的投影方式为第三角投影，如图 7-7 所示。

7.3.2 打开图纸页

功能区选择【主页】→单击【新建图纸页】命令下方的按钮▼→选择【打开图纸页】命令→弹出【打开图纸页】对话框→选择要打开的图纸页，单击【确定】按钮即可打开，如图 7-8 所示。

图 7-8 打开图纸页

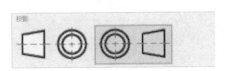

图 7-7 投影方式

7.3.3 编辑图纸页

功能区选择【主页】→单击【新建图纸页】命令下方的按钮▼→选择【编辑图纸

页】命令→弹出【图纸页】对话框，可对当前图纸页进行修改，如图 7-9 所示。

7.3.4 删除图纸页

在导航区选择【部件导航器】→用鼠标右键单击所需名称的图纸页，选择【删除】命令，如图 7-10 所示。

图 7-9　编辑图纸页

图 7-10　删除图纸页

7.4　工程图设置

上边框条选择【菜单】→【首选项】→【制图】，弹出【制图首选项】对话框，如图 7-11 所示。

7.4.1 公共参数设置

公共参数主要包括文字、直线/箭头和符号等选项，其中，直线/箭头中又分箭头、箭头线、延伸线、断开和透视缩短符号等。具体设置如下：

1. 文字设置

文本参数选择颜色为【黑色】，字体选择为【宋体】，单击【Ａ应用于所有文本】按钮，【符号】选择字体为【宋体】，如图 7-12 所示。

图 7-11 【制图首选项】对话框

图 7-12 文字设置

2. 直线/箭头设置

直线/箭头设置选项多，但需要设置的内容完全相同，只需勾选【应用于整个尺寸】，然后在一个选项中设置完成，单击【应用】按钮，便可自动将剩余选项设置完成。

勾选【应用于整个尺寸】、【自动方向】和两个【显示箭头】，"第1侧指引线和尺寸"与"第2侧尺寸"选择类型为【←填充箭头】和【→填充箭头】，颜色选择为【黑色】，线宽选择为【—— 0.35mm】，如图7-13所示。

图 7-13　直线/箭头设置

3. 符号设置

符号栏同样设置颜色为【黑色】，线宽为【—— 0.35mm】即可，如图7-14所示。

图 7-14　符号设置

7.4.2　视图设置

视图参数主要设置工作流、公共、截面和截面线选项，其他选项在后期具体需求时再进行讲解。具体设置如下：

1. 工作流设置

如图 7-15a 所示，取消勾选边界栏的【显示】。工作流设置区别如图 7-15b、c 所示。

a) 设置

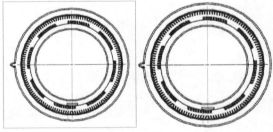

b) 勾选【显示】，显示边界　　c) 取消勾选【显示】，隐藏边界

图 7-15　工作流设置

2. 公共视图设置

1）角度格式选择【45.5°】，小数分隔符选择【·周期】，勾选【显示前导零】，如图 7-16 所示。

2）可见线格式设置颜色为【黑色】，线宽为【—— 0.70mm】即可，如图 7-17 所示。

图 7-16　角度设置

图 7-17　可见线设置

3）隐藏线格式设置颜色为【黑色】，线宽为【—— 0.35mm】即可，如图 7-18a 所示。图 7-18b、c 所示为不勾选和勾选【处理隐藏线】的效果。

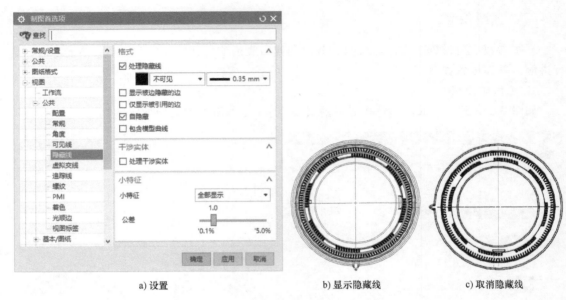

a) 设置　　　　　　　　　　b) 显示隐藏线　　　　　　　　c) 取消隐藏线

图 7-18　隐藏线设置

4）虚拟交线格式中，取消勾选【显示虚拟交线】，如图 7-19 所示。

图 7-19　虚拟交线设置

5）螺纹显示设置中，选择类型为【简化的-3/4 圆弧】，外观可见的颜色设置为黑色，如图 7-20 所示。

6）光顺边格式中，取消勾选【显示光顺边】，如图 7-21 所示。

3. 截面设置

格式位置选择【📷 上面】，标签前缀 "SECTION" 被删除，如图 7-22 所示。

4. 截面线设置

显示类型选择【↳　　↰】，格式设置颜色为黑色，线宽为【—0.35mm】，箭头样式选择【←填充的】，如图 7-23 所示。

图 7-20 螺纹设置

图 7-21 光顺边设置

图 7-22 截面设置

图 7-23 截面线设置

7.5 视图创建

根据本章所引入的任务实体，在新建图纸上创建本任务所需的基本视图、剖视图、投影视图、局部放大图等。

7.5.1 基本视图

1. 创建俯视图

在功能区选择【主页】→【视图】→【基本视图】命令，弹出【基本视图】对话框→要使用的模型视图选择【俯视图】→单击定向视图工具图标，弹出【定向视图工具】对话框→指定法向矢量为ZC轴，指定X向矢量为-YC轴→单击【确定】按钮，完成俯视图的创建，如图7-24所示。

图7-24　创建俯视图

2. 创建仰视图

重复【基本视图】命令，弹出【基本视图】对话框→要使用的模型视图选择【仰视图】→单击定向视图工具图标，弹出【定向视图工具】对话框→指定X向矢量为YC轴→单击【确定】按钮，完成仰视图的创建，如图7-25所示。

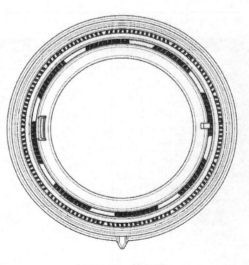

图7-25　仰视图

7.5.2 剖视图

1. 创建阶梯剖主视图

功能区选择【主页】→【视图】→【剖视图】命令，弹出【剖视图】对话框→截面线段选择仰视图中心点→返回截面线段选择，捕捉实体模型底部偏心方块中心点→选择视图原点为【指定位置】方式→光标移动至仰视图下方，单击鼠标左键放置剖切视图→单击【关闭】按钮，完成阶梯剖主视图的创建，如图7-26所示。

扫一扫，学习如何调整阶梯剖的位置。

2. 创建全剖左视图

重复【▨剖视图】命令，弹出【剖视图】对话框→截面线段选择阶梯剖主视图轴向中心线→光标移动至主视图右方，单击鼠标左键放置剖切视图→单击【关闭】按钮，完成全剖左视图的创建，如图7-27所示。

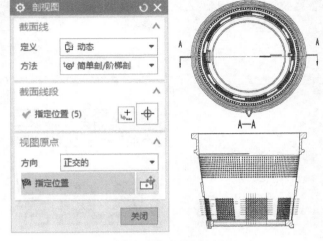

图7-26　创建阶梯剖主视图

7.5.3 投影视图

功能区选择【主页】→【视图】→【◇投影视图】命令，弹出【投影视图】对话框→父视图选择阶梯剖主视图→光标移动至主视图右方，单击鼠标左键放置投影视图→单击【关闭】按钮，完成左视图的创建，如图7-28所示。

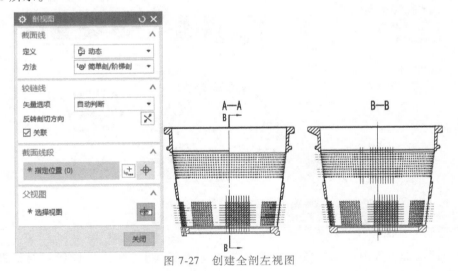

图7-27　创建全剖左视图

7.5.4 局部放大图

1. 创建局部放大图1

功能区选择【主页】→【视图】命令→【局部放大图】命令，弹出【局部放大图】对话框→类型选择⊘圆形→边界选择【光标位置】，在阶梯剖主视图中绘制图7-29所示圆→比例选择【2:1】→父项上的标签选择（圆）→绘图区选择视图放置位置→单击【关闭】按钮，完成局部放大图1的创建。

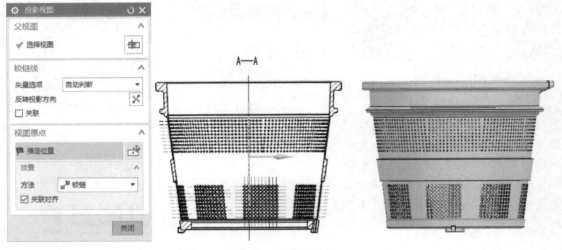

图 7-28　创建左视图

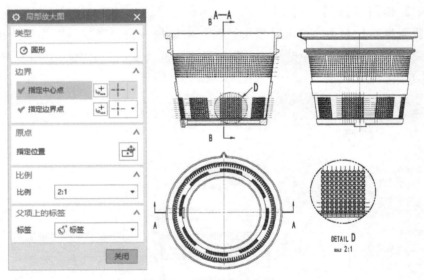

图 7-29　创建局部放大图 1

2. 设置局部放大图 1

在绘图区局部放大图中单击鼠标右键→选择【AA 设置】，弹出【设置】对话框→格式选择【上面】，标签前缀删除【DETAIL】，文本放置选择【Ø1.0】方式，比例前缀删除【SCALE】→单击【确定】按钮，完成局部放大图 1 的设置，如图 7-30 所示。

3. 创建局部放大图 2

重复【局部放大图】命令，弹出【局部放大图】对话框→在全剖左视图中绘制图 7-31 所示的圆→绘图区选择视图对应的放置位置→单击【关闭】按钮，关闭对话框；打开【局部放大图设置】对话框，标签项取消勾选【显示视图标签】，完成局部放大图 2 的创建。

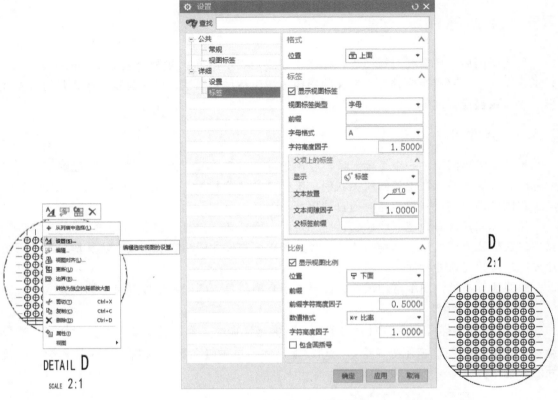

图 7-30　局部放大图 1 的设置

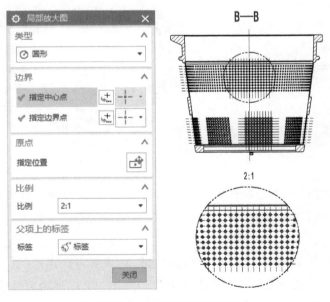

图 7-31　创建局部放大图 2

7.6 图样标注

创建视图后，还需要对视图进行标注。标注是表示图样尺寸和公差等信息的重要方法，是工程图的一个有机组成部分。广义的图样标注包括尺寸标注、尺寸公差标准、几何公差标准、表面粗糙度标准等。

7.6.1 尺寸标注

尺寸是工程图中的一个重要元素，它用于标识对象的尺寸大小。在 UG 工程图中进行尺寸标注，其实就是标注工程图所关联的三维模型的真实尺寸。如果修改了三维模型的尺寸，其工程图中的对应尺寸也会相应地自动更新。

尺寸标注样式有快速、线性、径向、角度、倒斜角、厚度、弧长、周长尺寸和坐标等。其中快速标注方式可以自动判断线性、径向和角度等尺寸标注需求，故非特殊情况可使用快速方式进行快速尺寸标注。

除快速标注外，图纸常用尺寸标注样式还有倒斜角、厚度和坐标等尺寸标注方式。

1. 快速尺寸标注

1）功能区选择【主页】→【尺寸】→【⚡快速】命令，弹出【快速尺寸】对话框→选择第一个对象为图 7-32 所示外轮廓→手动放置尺寸→单击【关闭】按钮，完成外轮廓直径尺寸的快速标注。

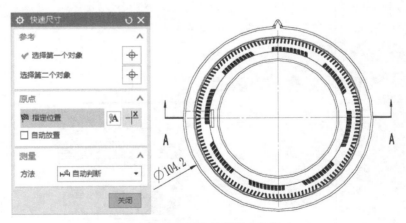

图 7-32　快速标注外轮廓直径尺寸

2）在绘图区尺寸线上单击鼠标右键→选择【🔧编辑】命令，弹出【设置】对话框→单击图 7-33 所示对话框中♂图标箭头向外直径，取消黄色标记→单击【关闭】按钮，完成尺寸设置。

3）重复【⚡快速】命令，弹出【快速尺寸】对话框→选择第一、二个对象为图 7-34 所示的上、下轮廓→手动放置尺寸→单击【关闭】按钮，完成外轮廓线性尺寸的快速标注。

4）在绘图区尺寸线上单击鼠标右键→选择【🅐编辑附加文本】命令，弹出【附加文本】对话框，如图 7-35 所示→单击直径图标∅，关闭对话框→手动放置尺寸→单击【关闭】

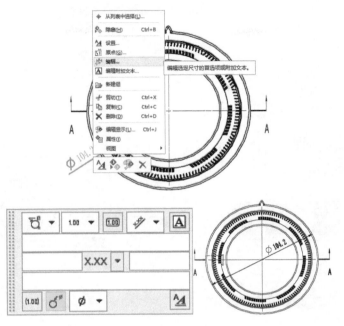

图 7-33　编辑直径标注尺寸

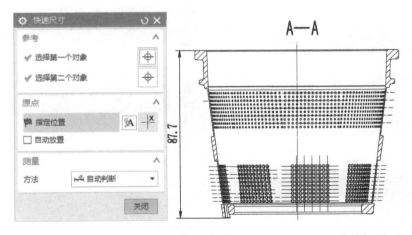

图 7-34　快速标注外轮廓线性尺寸

按钮，完成内圆轮廓线性尺寸的快速标注。

5）重复【↔快速】命令，弹出【快速尺寸】对话框→选择第一、二个对象为图 7-36 所示的内轮廓→手动放置尺寸→单击【关闭】按钮，完成内轮廓角度尺寸的快速标注。

2. 倒斜角标注

功能区选择【主页】→【尺寸】→【↗ᶜ 倒斜角】命令，弹出【倒斜角尺寸】对话框，如图 7-37 所示，首先选择参考对象，其次选择倒斜角对象→手动放置尺寸→单击【关闭】按钮，完成倒斜角标注。

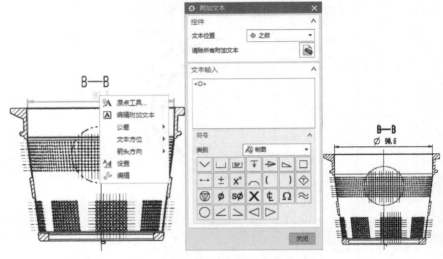

图 7-35　快速标注内圆轮廓线性尺寸

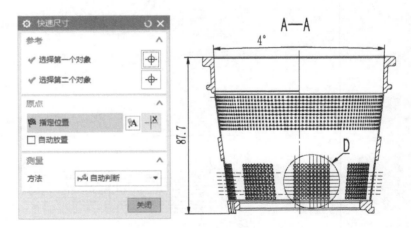

图 7-36　快速标注内轮廓角度尺寸

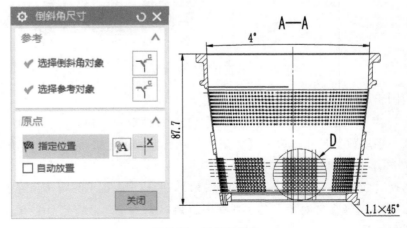

图 7-37　标注倒斜角

3. 厚度标注

功能区选择【主页】→【尺寸】→【厚度】命令，弹出【厚度尺寸】对话框→选择第一、二个对象为图 7-38 所示的内外轮廓→手动放置尺寸→单击【关闭】按钮，完成厚度标注。

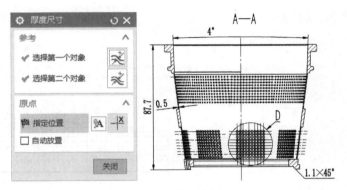

图 7-38 标注厚度

4. 坐标标注

坐标标注作为现代工业的一种新型标注形式，常用于模具行业、钣金、建筑、装修等领域。坐标标注有着基准统一、图样清晰的特征点，其缺点是无法标注相对位置尺寸公差和几何公差，故常用于公差等级低或者是自设计、自加工、自装配的环境。

（1）坐标标注设置　打开【制图首选项】对话框→单击左侧资源管理树中的【尺寸】→【坐标】→取消勾选集中的【显示尺寸线】选项→原点符号选项中显示名称样式选择【无】，如图 7-39 所示。

图 7-39 坐标标注设置

（2）坐标尺寸标注

1）功能区选择【主页】→【尺寸】→【坐标】命令，弹出【坐标尺寸】对话框，如图7-40所示，在绘图区依次选择原点和对象→勾选【激活垂直的】选项→手动放置尺寸，完成第一个坐标尺寸的标注。

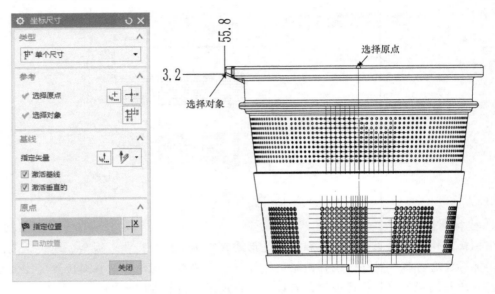

图 7-40　第一个坐标尺寸的标注

注：不要关闭【坐标尺寸】对话框，方便后面继续标注。

2）继续坐标标注，除上述设置外，同时勾选【自动放置】→依次选择图7-41所示对象→自动放置尺寸，完成图素所需坐标尺寸的标注，标注完成便可单击【关闭】按钮，关闭对话框。

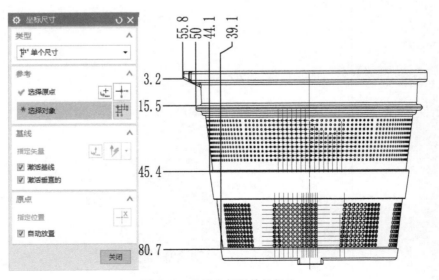

图 7-41　后续坐标尺寸的标注

7.6.2 尺寸公差标注

尺寸公差标注，即在原有公称尺寸后加注上、下极限偏差数值。前文已经介绍过怎样标注公称尺寸，现在只需将其修改为具有上、下极限偏差的新的尺寸样式。具体操作如下：

在绘图区尺寸上单击鼠标右键→选择【　编辑】命令，弹出【设置】对话框→单击选择图 7-42 所示对话框中的【$^{+.05}_{-.02}$】方式，即双向公差方式→在对应位置输入所需上、下极限偏差$^{+0.1}_{-0.1}$→单击【关闭】按钮，完成尺寸设置。

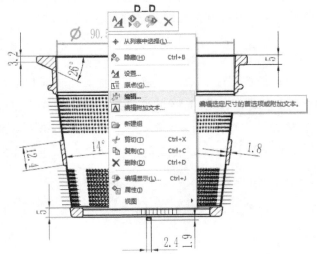

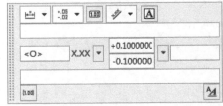

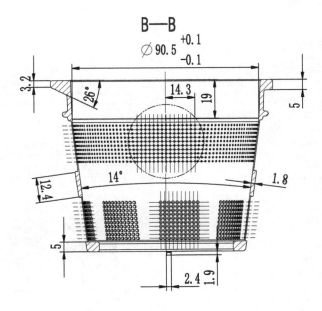

图 7-42　尺寸公差标注

7.6.3 几何公差标注

几何公差的作用是对零件的形状、位置与方向的误差加以限制，它是一个经济、合理的误差许可变动范围。它将直接影响到工件、夹具、量仪的工作精度以及机床设备的精度和寿命。

几何公差应标注在矩形框格内，并用带箭头的指引线指向被测要素。箭头应指向公差带的直径或宽度方向；矩形公差框格由两格或多格组成，形状公差只需两格，位置公差和方向公差需用两格或两格以上；框格从左到右（竖直排列时从下到上）填写，第一格填写几何公差特征符号；第二格填写几何公差数值及有关符号；第三格及其后填写基准字母及附加符号，并表示基准的先后次序。同时应在基准要素的轮廓线或其引出线注出基准符号。基准符号由一条细实线与一个涂黑或空白的三角形引出，基准方格与细实线垂直且不能斜放，基准字母位于基准方格中。具体操作如下：

1. 几何公差项目标注

功能区选择【主页】→【注释】→【🔲特征控制框】命令，弹出【特征控制框】对话框→勾选【带折线创建】→选择终止对象为尺寸线 87.7 的上终止线→指定折线位置为引线转折处→短划线侧选择【↘ 右】→特征选择【∥平行度】→输入公差为 0.03→第一基准参考选择 A →手动放置几何公差→单击【关闭】按钮，完成几何公差项目的标注，如图 7-43 所示。

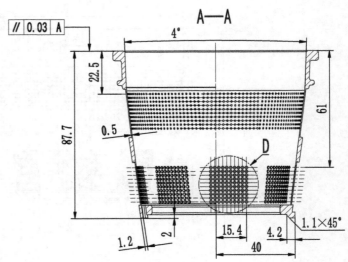

图 7-43 标注几何公差项目

2. 基准标注

功能区选择【主页】→【注释】→【$\boxed{A}$基准特征符号】命令，弹出【基准特征符号】对话框→选择终止对象为尺寸线 85.7 下终止线处→引线类型选择【├─基准】→基准标识符输入字母 A→手动放置基准特征符号→单击【关闭】按钮，完成基准的标注，如图 7-44 所示。

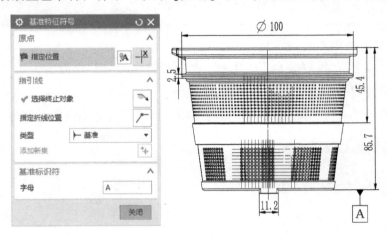

图 7-44　基准标注

7.6.4　表面粗糙度标注

表面粗糙度是指加工表面具有的较小间距和微小峰谷的不平度。其两波峰或两波谷之间的距离（波距）很小（在 1mm 以下），属于微观几何形状误差。表面粗糙度值越小，则表面越光滑。

表面粗糙度一般是由所采用的加工方法和其他因素所形成的，如加工过程中刀具与零件表面间的摩擦、切屑分离时表面层金属的塑性变形以及工艺系统中的高频振动等。由于加工方法和工件材料的不同，加工表面留下痕迹的深浅、疏密、形状和纹理都有差别。

表面粗糙度与机械零件的配合性质、耐磨性、疲劳强度、接触刚度、振动和噪声等有密切关系，对机械产品的使用寿命和可靠性有重要影响。一般标注采用轮廓算术平均偏差 Ra 值表示。

1. 表面粗糙度符号与意义

按照国家标准，在图样上表示表面粗糙度的符号有五种，见表 7-1。

表 7-1　表面粗糙度符号

序号	符号	意　义
1	√	基本图形符号，未指定工艺方法的表面，当通过一个注释解释时可单独使用
2	⋁	扩展图形符号，用去除材料方法获得的表面，仅当其含义是"被加工表面"时可单独使用
3	⋓	扩展图形符号，不去除材料的表面，也可用于表示保持上道工序形成的表面，不管这种状况是通过去除材料或不去除材料形成的

（续）

序号	符号	意　义
4	$\sqrt{}$　$\sqrt{}$　$\sqrt{}$	在上述三个符号的长边上可加一横线,用于标注有关参数或说明
5	$\sqrt{}$　$\sqrt{}$　$\sqrt{}$	在上述三个符号的长边上可加一小圆,表示所有表面具有相同的表面粗糙度要求

2. 表面粗糙度创建方法

功能区选择【主页】→【注释】→【$\sqrt{}$ 表面粗糙度符号】命令，弹出【表面粗糙度】对话框→除料选择【$\sqrt{}$ 修饰符，需要除料】方式→输入波纹（c）为 $Ra1.6$→手动放置表面粗糙度标注至图 7-45 所示的位置→单击【关闭】按钮，完成表面粗糙度的标注。

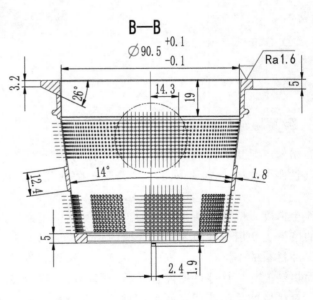

图 7-45　标注表面粗糙度

7.7　小结

本章主要介绍了 UG NX 制图模块的基本应用。在制图过程中，应该特别重视制图模板的使用，这会大大提高制图效率，并符合企业标准。建议用户根据实际需要制作各种制图模板，并在建模和制图时使用模板来完成大部分通用操作。

7.8　练习题

根据下面两个工程图创建零件模型，然后为各模型建立工程图（图 7-46）。

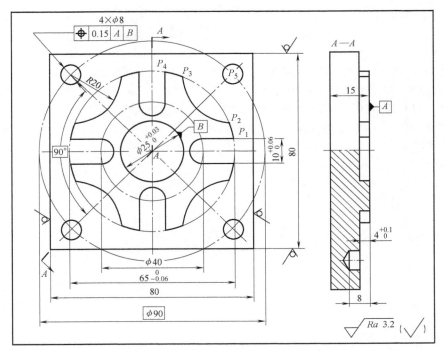

a) 工程图1

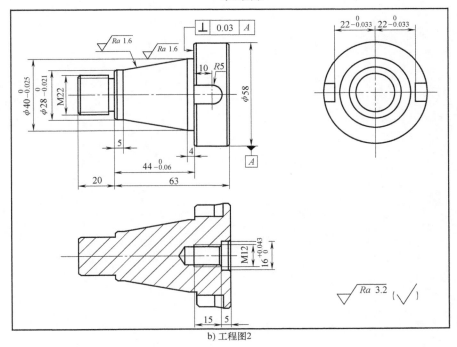

b) 工程图2

图 7-46　工程图

参 考 文 献

［1］ 丁源. UG NX10.0中文版从入门到精通［M］. 北京：清华大学出版社，2016.

［2］ CAD/CAM/CAE 技术联盟. UG NX10.0中文版从入门到精通［M］. 北京：清华大学出版社，2016.

［3］ 展迪优. UG NX10.0从入门到精通［M］. 北京：电子工业出版社，2015.

［4］ 槐创锋，钟礼东. UG NX10.0中文版机械设计案例实战从入门到精通［M］. 北京：清华大学出版社，2015.